智慧消防概论

中国建筑科学研究院有限公司　组织编写
孙　旋　王大鹏　主　编
乔晓盼　王　楠　副主编

中国建筑工业出版社

图书在版编目（CIP）数据

智慧消防概论 / 孙旋，王大鹏主编 ；乔晓盼，王楠副主编 ；中国建筑科学研究院有限公司组织编写. 北京 ：中国建筑工业出版社，2024. 7.（2025.2重印）-- ISBN 978-7-112-30022-8

Ⅰ. TU998.1-39

中国国家版本馆 CIP 数据核字第 2024K4V173 号

责任编辑：毕凤鸣　李闻智
责任校对：赵　力

智慧消防概论
中国建筑科学研究院有限公司　组织编写
孙　旋　王大鹏　主　编
乔晓盼　王　楠　副主编
*
中国建筑工业出版社出版、发行（北京海淀三里河路 9 号）
各地新华书店、建筑书店经销
国排高科（北京）信息技术有限公司制版
建工社（河北）印刷有限公司印刷
*
开本：787 毫米 × 1092 毫米　印张：11 ½　字数：246 千字
2024 年 7 月第一版　2025 年 2 月第二次印刷
定价：**56.00** 元
ISBN 978-7-112-30022-8
（43130）

编委会

主　　编：孙　旋　王大鹏

副 主 编：乔晓盼　王　楠

编写小组：（以姓氏笔画为序）

于振江　尹　绮　尹科奇　丘桂宁　代少凯
冯　凯　刘　勇　刘　翀　刘晨星　孙　斌
闫　肃　李　政　李品冠　杨　舜　张　波
肖　庆　陈　权　陈黄悦　罗淇桓　郑　桥
赵中文　钱晓鹏　曹　科

编写单位：中国建筑科学研究院有限公司
建研防火科技有限公司
宜时云（重庆）科技有限公司

前 言

科技创新是社会发展的第一动力，作为事关民生福祉的重要领域，消防始终与科技发展紧密相连。随着科技发展和社会进步，消防领域融入了更多管理理念和技术元素，推动其向数字化、智慧化变革。智慧消防将物联网、大数据、云计算和人工智能等前沿技术引入消防业务，通过精准的信息感知、高效的数据交互及智能的响应决策，使得消防安全管理以技防代替人防成为可能，并将重塑消防业务流程，提升消防安全的同时降低其综合管理成本。

本书是一部概述智慧消防技术的书籍，旨在为该领域的教育、科研及从业人员提供基础理论和框架。书中系统阐述了智慧消防的概念、建设意义和发展现状，普及了消防基础知识和信息化关键技术，以建筑全生命周期为主线梳理了智慧消防应用场景，最后论述了智慧消防建设路径。本书内含两个观点：

（1）智慧消防建设不是简单地将信息化技术与消防技术叠加，更不是将同一系统应用于所有社会单位，而应基于不同业务需求将信息化技术与应用场景深度融合。

（2）智慧消防建设是系统的建设工程，应包括可行性研究、方案设计、施工建设、竣工验收和运维管理等多个阶段，只有科学地完成了各项工作，智慧消防才能充分适用消防业务管理，体现信息化技术、数字化技术在消防领域的价值。

本书是中国建筑科学研究院有限公司科研基金项目“应急与安全智慧管理系统研发与示范”的研究成果，汇聚了中国建筑科学研究院有限公司建筑防火研究所多年的积累。全书共五章，主编为孙旋、王大鹏，第一章由闫肃、王楠等执笔，第二章由李政、丘桂宁等执笔，第三章由李品冠执笔，第四章由王楠、闫肃等执笔，第五章由乔晓盼、李政等执笔。

在编写过程中，本书摘引了相关书籍、论文等公开发表的资料，有的未注明出处，敬请有关作者谅解，顺致谢忱。由于编者水平有限，书中难免有一些疏漏和不尽如人意的地方，敬请读者予以批评指正。

目　录

第一章　概　述 ……………………………………………………………… 1

第一节　概念及内涵 ……………………………………………………… 3

一、基本概念 …………………………………………………………… 3

二、相关概念 …………………………………………………………… 4

第二节　建设意义 ………………………………………………………… 5

一、控制火灾隐患 ……………………………………………………… 5

二、确保设施有效 ……………………………………………………… 5

三、替代部分人力 ……………………………………………………… 6

四、辅助消防决策 ……………………………………………………… 6

五、信息协同共享 ……………………………………………………… 6

第三节　发展现状 ………………………………………………………… 7

一、国外智慧消防现状 ………………………………………………… 7

二、国内智慧消防现状 ………………………………………………… 12

参考文献 …………………………………………………………………… 15

第二章　消防基础知识 ……………………………………………………… 17

第一节　火灾与燃烧 ……………………………………………………… 19

一、概述 ………………………………………………………………… 19

二、燃烧基础理论 ……………………………………………………… 19

三、火灾发展与蔓延 …………………………………………………… 23

第二节　建筑防火 ………………………………………………………… 25

一、建筑分类和耐火等级 ……………………………………………… 26

二、建筑总平面布局 …………………………………………………… 27

三、建筑平面布置 ……………………………………………………… 29

四、建筑构造与装修 …………………………………………………… 30

五、安全疏散与避难 …… 32
第三节 消防设施 …… 35
一、火灾自动报警系统 …… 35
二、建筑防烟排烟系统 …… 37
三、建筑灭火设备 …… 38
四、应急照明和疏散指示系统 …… 42
第四节 消防安全管理 …… 43
一、消防安全管理概述 …… 43
二、消防安全管理制度 …… 44
三、消防安全管理架构 …… 46
四、消防安全管理技术及方法 …… 48
参考文献 …… 52

第三章 信息化基础技术 …… 53

第一节 地理信息系统 …… 55
一、技术概述 …… 55
二、应用现状 …… 57
三、消防中的应用 …… 58
第二节 建筑信息模型 …… 59
一、技术概述 …… 59
二、应用现状 …… 61
三、消防中的应用 …… 62
第三节 物联网技术 …… 63
一、技术概述 …… 63
二、应用现状 …… 65
三、消防中的应用 …… 65
第四节 大数据技术 …… 66
一、技术概述 …… 67
二、应用现状 …… 69
三、消防中的应用 …… 70
第五节 云计算技术 …… 71
一、技术概述 …… 71

二、应用现状 …… 73
三、消防中的应用 …… 74
第六节　区块链技术 …… 75
一、技术概述 …… 75
二、应用现状 …… 77
三、消防中的应用 …… 79
第七节　虚拟现实技术 …… 79
一、技术概述 …… 80
二、应用现状 …… 82
三、消防中的应用 …… 83
第八节　人工智能技术 …… 84
一、技术概述 …… 84
二、应用现状 …… 86
三、消防中的应用 …… 87
参考文献 …… 88

第四章　智慧消防场景 …… 89

第一节　概　述 …… 91
一、场景概念 …… 91
二、场景分析 …… 93
第二节　消防设计智能化 …… 94
一、业务介绍 …… 94
二、场景说明 …… 96
第三节　消防设计智能审查 …… 101
一、业务介绍 …… 101
二、场景说明 …… 103
第四节　消防工程施工智能化 …… 106
一、业务介绍 …… 106
二、场景说明 …… 110
第五节　消防工程智能验收 …… 114
一、业务介绍 …… 114
二、场景说明 …… 116

第六节　消防安全智能管理 118
一、业务介绍 118
二、场景说明 120
第七节　消防安全智能监管 123
一、业务介绍 123
二、场景说明 126
第八节　灭火救援智能化 132
一、业务介绍 132
二、场景说明 135
参考文献 139

第五章　智慧消防项目建设 141

第一节　概　述 143
一、建设目标 143
二、建设阶段 143
三、建设原则 144
四、建设内容 145
第二节　可行性研究 146
一、消防安全现状分析 146
二、消防业务需求调研 148
三、项目可行性分析 150
第三节　方案设计 151
一、总体规划 151
二、软件系统 152
三、硬件设置 155
第四节　项目施工 156
一、施工准备 156
二、施工安装 157
三、施工调试 160
第五节　竣工验收 162
一、验收准备 163
二、验收流程 163

三、验收内容……165
四、验收结论……166
第六节　运维管理……166
一、运维总体要求……166
二、软件系统运维……167
三、硬件维护……169
参考文献……171

第一章

概　　述

第一节 概念及内涵

消防，是预防和控制火灾的活动，分为灾前预防、灾中处置、灾后调查等阶段，其目的是采取相关技术措施和管理手段预防火灾事故的发生，或在火灾发生后及时控制火势和疏散人员，保护人们的生命财产安全。我国消防工作以“预防为主，防消结合”为方针，注重“人防、技防、物防”的有机结合。

随着科技的发展，信息技术在各领域逐渐得到广泛应用，不仅替代了部分人工劳动力，更重塑了业务流程，提高了效率。在消防领域，信息技术同样推动着消防工作不断从“人防”向“物防”“技防”演进，数字化转型是其必然趋势。

一、基本概念

与消防数字化转型相关的概念有很多，包括“信息技术”“信息化”“消防信息化”“数字技术”“数字化”“消防数字化”“智慧消防”等，这些概念既有相似性，也存在差异，且存在相关性。

广义的信息技术是指能充分利用与扩展人类信息器官功能的各种方法、工具与技能的总和，强调的是从哲学上阐述信息技术与人的本质关系。狭义的信息技术是指利用计算机、网络等各种硬件设备、软件工具与方法对文、图、声、像各种信息进行获取、加工、存储、传输与使用的技术之和，强调的是信息技术的现代化与高科技含量。

“信息化”一般指利用信息技术管理、处理和传递信息，改善组织内部业务流程和管理效率，以提高经济运行效率、劳动生产率、企业核心竞争力和人民生活质量的过程。该概念首先是由日本学者梅棹忠夫于20世纪60年代提出的，而后被译成英文传播到西方，20世纪70年代后期开始，“信息化”和“信息社会”的概念被西方社会普遍使用。

信息化与消防结合，形成了“消防信息化”概念，一般指将信息技术应用于消防领域，通过建立信息系统，对消防信息进行采集、储存、处理、分析，以实现消防信息资源和基础设施高程度、高效率、高效益地共享、共用的过程。

数字技术（Digital Technology），是一项与电子计算机相伴相生的科学技术，一般指借助一定的设备将各种信息，包括图、文、声、像等，转化为电子计算机能识别的二进制数字“0”和“1”后进行运算、加工、存储、传送、传播、还原的技术。由于在运算、存储等环节中要借助计算机对信息进行编码、压缩、解码等，因此该技术也称为数码技术、计算机数字技术等。

20世纪40—50年代间，以ENIAC（Electronic Numerical Integrator And Computer，电子数字积分器与计算机）、EDVAC（Electronic Discrete Variable Automatic Computer，电子离

散变量自动计算机）为代表的电子数字计算机登上历史舞台，研究人员把利用数字技术将信息由模拟格式转化为数字格式的这一过程称为数字转换，随后该技术被逐渐整合到业务流程中，帮助企业（组织）实现管理优化，演化出“数字化”概念，其一般是指把信息转化为计算机可识别的“0”和“1”的过程。数字化的基本过程包括将许多复杂多变的信息转化为可度量的数字、数据，再以这些数字、数据建立起适当的数字模型，使其转化为一系列二进制代码并引入计算机内部进行统一处理，该过程涉及数字的转换、存取、处理、传输、控制、压缩等多项技术。

数字化与消防领域结合，形成了“消防数字化”或“数字化消防”等概念，其可指将消防业务管理、设备设施等采用数字技术进行转换和升级，以期实现更精准、高效、智能化的信息管理和业务控制，服务于消防安全。

随着 IBM 公司于 2008 年提出“智慧地球”、2010 年提出“智慧的城市”，消防行业也出现了“智慧消防”的概念。2017 年 10 月 10 日，公安部消防局发布了《关于全面推进“智慧消防”建设的指导意见》（公消〔2017〕297 号），使用“智慧消防”的概念引导信息技术、数字技术在消防领域展开应用，该概念可理解为利用物联网、移动互联网等技术，配合云计算平台、消防业务应用，实现消防业务的自动化、智能化及智慧化：通过感知技术获得消防相关数据，对其进行挖掘和处理，实现消防工作的精细化、自动化和智能化，促进消防资源的优化配置和高效利用，为消防安全管理及决策提供数据支撑。

从上述概念含义可看出，信息技术和数字技术是“消防信息化”“消防数字化”“智慧消防”等的基础，“消防信息化”“消防数字化”是“智慧消防”的发展阶段或组成部分，“智慧消防”是信息化、数字化技术与消防融合的目标或产物，也是在科技不断发展、消防安全需求不断调整的背景下消防领域发展的必然要求。

消防领域的信息化和数字化转型离不开国家的信息化战略及智慧城市相关政策，而且从一定角度来看，消防行业可能是智慧城市建设中将信息技术、数字技术应用于业务场景的最快的领域之一，因为消防领域本身已具备相当数量和类型的数据采集设备和局部应用系统，而智慧城市基础信息设施的完善将为智慧消防建设提供通用的硬件设施和通信条件，有助于其落地实施。

二、相关概念

当前，除上文所述相关概念外，还常见“消防物联网”的概念。

物联网的基本思想出现于 20 世纪 90 年代末，当时美国麻省理工学院（MIT）自动识别中心（Auto-ID Labs）提出了网络无线射频识别（RFID）系统，即把所有物品通过射频识别等信息传感设备与互联网连接起来，以实现智能化识别和管理。2005 年，在突尼斯举行的信息社会世界峰会（WSIS）上，国际电信联盟发布了《ITU 互联网报告 2005：物联网》（*ITU Internet Reports 2005: The Internet of Things*），正式提出了“物联网”的概念。

物联网强调物体与网络的连接和通信，物联网系统是由物联网技术构建的一套完整的系统，包括传感器、网络连接、数据处理和分析、应用程序等多个组件，它通过传感设备，按约定协议将物体与网络相连接，进行信息交换和通信，实现识别、定位、跟踪、监管等物与物、物与人之间的互联互通。

当物联网技术被应用于消防领域，就形成了“消防物联网”的概念，可以说“智慧消防系统”本质上即是“消防物联网系统”，但二者又有差异：“智慧消防系统”关注消防安全管理，通过对消防相关的数据进行深度分析和挖掘提高消防安全水平，减少火灾事故；“消防物联网系统”则更侧重于构建物联网络，通过各种设备和设施的互联互通，对数据进行采集、传输和存储，为应用提供数据支持。

第二节 建设意义

智慧消防建设可通过消防产品升级、技术创新及流程再造，降低社会消防安全管理综合成本，提升社会消防安全，保障国民经济发展，助力数字中国建设。

一、控制火灾隐患

利用物联网、数据分析、云计算等技术，智慧消防系统通过传感器实时监测关键参数以及电器设备的运行状态，从而及时发现并控制火灾隐患，提高火灾预警的准确性和时效性，有助于减少火灾事故的发生。

例如通过烟雾探测器、温度传感器和可燃气体探测器等前端感知设备，感知温度、烟雾浓度和气体浓度等关键指标的变化，一旦超过预设的安全阈值，便会立即触发报警。智慧消防系统实时监测环境中的火灾隐患，通过可视化界面详细指出隐患的位置、类型以及严重程度，帮助管理人员迅速定位和进行处理。

例如通过对电器设备的电流、电压等参数进行实时监测，智慧消防系统会将采集到的数据进行汇总、分析，一旦发现数据异常或达到危险阈值，系统会进行智能研判，立即发出报警信号并自动切断电源，判断火灾隐患的程度和可能的发展趋势，有助于预防因电器故障引发的火灾事故，提高整体安全水平。

二、确保设施有效

对建筑消防设施定期进行检测是各单位的消防安全职责之一，智慧消防系统可对消防设备设施进行实时监测，提前预警设备设施故障或维护需求，及时维修和保养，确保消防设备、设施完好有效。

例如通过智能化监控和管理，系统实时记录消防设备设施的位置、状态等信息，一旦发现有损坏或异常情况，及时发出报警并提醒相关人员进行处理。自动生成设备工作状态的统计分析报告，为设备的维护保养提供科学依据。

三、替代部分人力

智慧消防可在消防设计、审图、验收、监管等各个环节中发挥作用，辅助人工作业，优化消防工作及管理流程，提升整体效率。利用消防设备实时监控及预警信息自动发送等功能，实现了技防代替人防，可很大程度上摆脱传统人工巡查和检查的依赖，减少了人员配置上的需求。

例如利用施工图审查信息化工具，可自动分析设计图纸，迅速识别出不符合规范或存在消防隐患的位置。相比单纯依赖人工进行审查，施工图审查信息化工具可缩短审查周期，且在一定程度上减少由人为因素引起的误差。

例如智慧消防系统能够替代人工进行高效的消防信息档案管理工作。通过系统自动上传和保存消防工作的所有数据，实现数据的统一处理和保存，这种数据化的管理方式不仅解放了大量人力物力，更提高了数据的安全性和可靠性。

四、辅助消防决策

智慧消防的应用为消防工作决策提供了有力的支持。依托大数据、人工智能等信息技术，可对历史火灾数据、消防设备运行数据、公共设施数据等多来源数据进行分析、整合、传递和深度挖掘，提供科学的决策建议。例如调度指挥方面，可实现及时准确地传递、处理各种道路信息和灾害现场信息，确保指挥信息畅通，提升消防部队灭火和处置各种灾害事故的效率。

例如灭火救援方面，通过建立评估决策模型，可根据事故性质、规模、现场环境、气象条件、消防救援装备等信息，辅助制定相应处置对策，提高现场指挥、救援行动的科学性，提升消防人员处置重大、特大火灾的战斗力。

例如区域火灾风险预警方面，结合历史火情发生时间、类别、相关单位、环境信息、溯源调查等信息，通过对消防大数据进行深度挖掘、统计分析与融合展示，进行实时风险预判并及时采取措施，提高区域火灾防范水平。

五、信息协同共享

智慧消防为跨部门协作和信息共享提供了有力支持。通过构建统一的消防监管信息平台，各部门可以实时共享消防数据、监管信息和救援资源，加强协同配合，形成合力，有助于提升消防工作的整体效能。同时，监管部门可通过移动应用和社交媒体平台及时发布消防安全知识、火灾预警信息以及监管动态，保障消防新闻的时效性和可靠性，提升公众的参与感及安全防范意识。

例如智慧消防的应用可加强各行政部门之间的信息协同。通过提高项目行政、报建等审批流程的数字化、信息化与智能化水平，实现全过程流转数字化，加强了各部门间的信息沟通与协作，有效缩短了审批周期，优化了整体的营商环境。

第三节　发展现状

一、国外智慧消防现状

进入20世纪90年代后，信息技术已经成为发展速度最快、覆盖范围最宽、应用领域最广的高新技术，有力地推动着社会生产力发展和人类文明进步，美国、加拿大、英国、澳大利亚、德国、日本等国家首先将自动火灾报警作为公共报警手段接入监控系统并有效运用，形成了比较完备的监管机制和报警联动处置机制。

随着物联网、云计算、大数据等技术的发展，国外正在研究将相关技术用于消防，以提升消防治理的智能化程度，如以消防员为对象，开展消防员智能防护服、便携式升温预警设备、智能防火纺织物等消防技术及装备的研究；以计算机技术为对象，开展遥感技术、神经网络、深度学习、机器学习、视图挖掘、虚拟现实等用于消防场景的技术研究；以系统平台为对象，开展智能火灾应急系统、火灾风险预警系统、火灾救援系统等的技术研究；以机器人为研究对象，开展代替人力进行各类消防工作的研究等。许多国家不仅投入了大量资金进行技术研究，还制定了一系列政策和标准，以推动相关技术应用。

（一）美国

美国政府在智慧消防建设中优先进行顶层设计，制定出建设路线和科研方向，推动智慧消防的科学、高效发展。在日常消防管理中引入专业组织多元共治，借助专业机构力量参与相关规范的制定，鼓励企业承担部分消防责任，增强火灾防控能力；开展实体火场培训，使消防队伍能更快掌握新兴科技的实际应用，推动智慧消防的深度建设及应用。

美国智慧消防的发展得益于信息系统的应用与发展，在政府的大力支持下开展了初步探索与研究，综合考量技术研究、标准化及商业应用等方面，制定出多角度发展路线。

1993年，美国克林顿政府提出建设国家信息基础设施行动计划（National Information Infrastructure，NII），即“信息高速公路”工程，计划用20年时间耗资4000亿美元用光缆和相应的软硬件设施及网络体系把美国国内的政府机构、学校、公司、企业、医院等不同机构及每个家庭都连接起来，构建一个全国性的计算机信息网络。

2008年，美国IBM公司对外公布了“智慧地球”战略，提出在信息文明的下一个发展阶段，人类将实现智能基础设施与物理基础设施的全面融合，实现IT与各行各业的深度融合，从而以科学和智慧的方式对社会系统和自然系统实施管理。

2012 年，由美国标准技术研究院（National Institute of Standards and Technology，NIST）开始智慧消防（Smart Fire Fighting）项目研究，将传感器、计算机技术、建筑控制系统和消防设备融合，提倡开发利用物联网、大数据等信息技术彻底改革消防工作模式，建立科学技术基础，实现智慧消防，提高消防运作效率。智慧消防体系当中包含三方面主要内容：智能建筑技术、智能消防设备与机器人技术、智能消防器材。

2013 年，美国消防研究基金会开始智慧消防路线图的研究，明确了智慧消防系统应用研究的差距、技术障碍等问题，并于 2014 年发布该路线图，为实现智慧消防奠定科学和技术基础。

2014 年和 2015 年，美国先后举办了两次关于智慧消防的学术会议，确定和梳理了建设智慧消防的研发需求，强调现有技术的使用、新兴技术的开发和部署，以及数据收集、交换和态势感知工具的相关标准使用；对智慧消防体系在实际应用中所面临的各项困难、问题和未来的发展路径进行了较为详细的讨论。

截至目前，美国一直将智慧消防列为研究重点。部分成果如下：

信息物理系统（Cyber-Physical Systems，CPS），由美国国家科学基金会（National Science Foundation）提出。CPS 现阶段运用在消防行业的技术包括：汽车防爆功能、救灾机器人（自动识别消火栓并将水管带入火场且与水泵连接）、消防服（同步监测消防员体征）、可视化眼镜（用于消防作战）；特制手机（用于消防作战指挥）；GPS 定位系统；智能家居的火灾报警系统；智能建筑通信协议（BACnet，针对智能建筑及控制系统所设计的通信方式，可用于火警侦测系统及其相关的设备）；宽频网络（专供警察、消防员及救护员服务使用）等。

得克萨斯州的弗里斯科市 SAFER 系统。该系统内置的区域地图，可显示消火栓位置，以及该地区建筑物的各项情况（包括房屋结构、建筑材料、建筑内外的视频图像、房屋功能、近期的维护情况和各分区的联络人信息等）。SAFER 系统运用大数据思维进行智慧消防探索，为后续智慧消防系统的建设提供了实践素材。

智能应急响应系统（Smart Emergency Response System，SERS）。该系统的主要功能是在灾难发生时为幸存者和急救人员提供信息，用以定位和相互协助。

纽约市消防局基于风险的检查系统（Risk-Based Inspection System，RBIS）。该系统对建筑物数据进行火灾因子分析和火灾风险评分，创建火灾风险建筑优先检查清单，以提高城市建筑火灾预防能力。同时，RBIS 提供了整个纽约市消防局都能访问的检查数据库。

火灾韧性基础设施智慧网（Smart Network Infrastructure For Fire Resilience，SNIFFR）。其重点是开发一个广泛适用的工程系统，以感测、获取、解读和及时传递准确的信息，实现在火灾初期和发展时的关键决策辅助。

（二）日本

在日本的消防体系下，智慧消防作为基础消防体系的辅助而非核心。通过开发深度学习与大数据预测、地震火灾灾情模拟及应急方案、智能捕捉次生灾害发生状态、受灾地区通信网络与模型迅速搭建、灾区人群有效疏散与避险等功能，实现对目前以预防为核心、以演练为基础的消防工作的补充，从而构建起具有日本特色的消防救援体系。

在信息技术快速发展的背景下，日本政府制定了一系列推动了智慧消防技术发展的政策，总结如下：

2000年，编制了《信息技术基本战略》，并颁布了《信息技术基本法》。在全球IT革命的背景下，日本将建设ICT（Information and Communications Technology）基础设施作为国家战略进行推广。2000—2010年，日本制定了多项推广信息化的措施以促进ICT的使用。

2010年后进入数据大规模使用的时代。2013年6月，日本内阁批准了《关于创建世界最先进的IT国家的宣言》，并将其作为实现可持续增长和发展的战略支柱。

2015年，《信息和通信白皮书》提出为收集和传输受灾情况等有关信息，建设通信网络是必需的。为确保灾害时的通信安全，国家、都道府县、市町村等除了利用公共网络外，还建立了消防防灾通信网络，该网络由抗灾自营网络、应急电源等组成。

从2018年开始，日本成为"IT国家"的目标已转变为"数字国家"，并于2021年9月成立数字机构。

2021年，《东京防灾规划》提出强化先进信息技术应用，大力推进智慧防灾：促进人工智能、物联网、大数据等先进技术在防灾领域的全过程应用，以增强灾前准备工作有效性、提高灾时应急响应效率、促进灾后快速恢复重建，并提出了20个典型智慧化防灾应用场景。

2022年，《防灾白皮书》（特刊第3章第4节：4-1数字防灾技术工作组）提出有必要加强应用分散、隐藏的重要数据，通过分析数据来发现和消除问题，并为决策提供支持。由此，日本内阁府成立了"数字防灾技术工作组"，其中包括两个小组："未来展望小组"着眼于中长期（约10年）的数字防灾技术的技术创新；"社会实践小组"从技术和制度两个角度出发，以期在中短期（约5年）内实践已有技术。

2022年，《消防白皮书》（专题4：在消防和防灾领域推广数字化转型）提出数字化转型在消防领域应用的五大举措：推动各消防部门使用电子行政流程，更快、更顺畅地提供急救服务，推广基于人工智能和物联网等新技术的危险品设施的智能安防，加快消防指挥系统的数字化转型升级，推广消防教育培训数字化。

在此基础上，日本的智慧消防研究取得的部分成果总结如下：

（1）消防机器人系统"Scrum Force"。该系统由四类消防机器人组成：空中监视机器人"天空之眼"、地面监视机器人"陆地之眼"、软管展开机器人以及水炮机器人。四类机器人可协同工作，完成从现场监控到灭火等一系列操作，其构成了一套完整的消防系统。第一支"Scrum Force"在2019年6月部署于日本千叶县石垣市消防局，这也是日本在消防体系中第一次配备智能机器人队员。

（2）新型防灾减灾模式。日本中央政府和地方政府进行政企学合作，并把无人机和区块链概念引入现有的防灾减灾体系当中：灾前利用无人机预先在城市及周边地区进行数据和信息收集，灾害发生时则进行动态监控，利用区块链打造政府、地方自治机构共有的信息平台，将信息与企业、大学共享。该模式已陆续在东京都、三重县等地取得良好的试验结果。

（3）语言文字处理平台。在已有的“灾害短信相关信息分析系统”和“灾害情况汇集系统”基础上，开发出更智能化的针对防灾减灾使用的“语言文字处理平台”。在灾害发生时，可以通过这些系统和平台对收集到的信息进行实时汇总和自动处理，分析灾害强度、避难所情况、受灾人数及安置情况等，也能够根据地点和预设分类将这些信息及时推送至指定人群。

（4）综合防灾信息系统。该系统将灾害信息作为地理空间信息的一部分进行共享，可在灾害发生时为政府迅速、准确地决策提供支持。该系统未来将进一步强化信息收集等功能，并计划于2024年更新包括SIP4D（灾害管理共享信息平台，由国立地球科学及防灾研究所运营）在内的系统功能后投入下一阶段的应用。

（三）欧洲国家

信息社会的转变对发达经济体产生了重要影响。以欧盟发起的各项信息化倡议为契机，欧洲国家积极开展智慧消防建设，并取得了多项研究成果。

20世纪中叶开始，各国陆续发起了记录森林火灾信息的倡议，但这些倡议一般由地区级或国家级部门制定，国家之间并没有密切的联系。

20世纪90年代，欧盟开始了针对信息社会的议程。《欧盟委员会白皮书》是第一份明确承认信息社会重要性的政策文件。随后，《欧盟委员会绿皮书》提出广泛接入ICT的必要性。

1998年，欧洲委员会联合研究中心（European Commission’s Joint Research Centre）成立研究小组，专门研究先进的森林火灾危险性评估方法和生成欧洲烧毁区域地图的方法。同年举行了成员国“森林火灾专家组”第一次会议，目的是为火灾评估方法的制定提供建议。此类研究活动促成了欧洲森林火灾信息系统（European Forest Fire Information System，EFFIS）的建设与发展，该系统于2000年开始运行。

2000年，欧洲智慧城市建设开启。2000—2005年，欧洲实施了“电子欧洲”行动计划；2006—2010年，欧洲完成了第三阶段的信息社会发展战略。基于这两项行动，欧洲各个城市开始深入开展关于智慧城市项目的实践。

2003年，《森林焦点条例》（EC No.2152/2003 Forest Focus）发布，该条例沿袭了森林防火条例（EEC No.2158/1992和EEC No.804/94），旨在欧盟成员国中建立统一的火灾信息系统和森林火灾共同核心数据库。

“2007—2013年欧盟资助计划（The EU’s 2007-2013 Funding Programme，FP7）”资助了约130个基于机器人的研究项目，涉及约500个组织，资助总额约5.36亿欧元。这种独特的投资水平在欧洲学术界和工业界营造了充满活力的研究环境。欧洲在智能机器人研究领域强大的创新和创造基础，为智慧消防技术的应用创造了条件。

2009 年，《欧盟物联网行动计划》（*Internet of Things—An Action Plan for Europe*），意在引领世界物联网发展。欧盟较为活跃的各大运营商和设备制造商，推动了 M2M（Machine to Machine，机器与机器）技术发展。

截至目前，欧洲国家一直将智慧消防列为研究重点。据不完全统计，欧洲国家的智慧消防研究取得的部分成果总结如下：

（1）欧洲森林火灾信息系统（EFFIS）。该系统可提供森林火灾状况近乎实时的信息和历史信息，涵盖了火灾前的相关信息评估、火灾损失和植被恢复分析等整个火灾周期的工作。此外，火灾新闻模块可对任何欧洲语言在互联网上发布的所有与森林火灾相关的新闻进行地理定位。EFFIS 的火灾数据库涵盖了 22 个国家提供的近 200 万条记录。

（2）西班牙加利西亚地区系统。该系统的开发主要为了实现三个目标：预测森林火灾风险、为森林火灾监测和扑灭提供支持、协助规划受灾地区恢复工作。森林火灾预测模型以神经网络为基础，其输出被划分为四个风险类别，准确率达到 78.9%。

（3）预测软件及灭火技术（AF3 项目成果，如图 1-1 所示）。其一是长约 40cm 的颗粒灭火剂，装有水或液态阻燃剂，可在任何时间、任何天气、任何地形上，由飞机或直升机从高空精确投放。其二是外形为小型罐体的灭火胶囊，装有阻燃剂并配备了温度传感器，检测到高温后即可自动启动并喷出阻燃剂，可在火锋到来之前将其放置在高风险地区。其三是火灾跟踪系统，可接收来自卫星、飞机、车辆以及个人设备传感器的数据，可分析相关信息，并利用实时信息模拟火灾的发展蔓延，为救援决策提供支持，此外，系统还可通过监测烟雾和有毒云层尽早发现火情。

图 1-1 AF3 项目成果

（4）智能机器人侦察火情和投水（西班牙 Drone Hopper 公司开发）。无人机长度略超 1.5m，既可从飞机上部署，也可从地面车辆上部署，可实现多架自动无人机每分钟投放 600L

水，可由其他无人机补充水源。无人机使用热像仪来定位火情、分析识别火情并传输数据。使用专有的磁力系统和多个螺旋桨的喷射水流来保证合适的水雾形式。该项技术每升的成本比水罐飞机低 5 倍左右。

（5）协助消防及紧急情况的系统（IDEAL DRONE 项目成果）。由 3 架无人机布置在建筑物外围，信号交汇处形成三角区域，测量楼内人员的位置并检测健康状况。可在火灾或震后等没有 Wi-Fi 或 GPS 等通信网络的紧急情况下进行室内追踪。该技术依赖于人员身上所佩戴的追踪器，可应用于工厂或海上石油钻井平台等危险环境中工作人员的监测定位，目前正在探索将标签整合到智能手表、手机或身份证当中。

（6）无人机和卫星技术辅助灾后应急工作（RECONASS 项目成果）。事先将无线定位标签以及应变、温度和加速度传感器植入建筑物结构中，可在灾害发生后，利用无人机对建筑物外部进行扫描，并将扫描图像与传感器提供的数据进行比对，从而准确分析建筑受损情况。

（7）紧急救灾人员智能服装（ProeTEX 项目成果）。先进的电子纺织系统可将传感器、传输系统和电源管理结合在一起，实现以下功能：持续监测生命体征；监测姿势和活动；低功耗本地无线通信；外部化学检测，包括有毒气体和蒸汽；发电（光伏和热电以及能量储存）等。

二、国内智慧消防现状

面对全球信息化浪潮的兴起，我国消防领域的信息化随之开展。

消防信息化开始于第一次使用计算机开展消防工作。20 世纪 80 年代初，我国开始运用计算机进行火灾统计工作，20 世纪 80 年代末实现了火灾统计数据的超级汇总。

20 世纪 90 年代中期，我国开发了火灾统计计算机系统，建成了机关局域网，组织开发了单项性业务管理软件。我国消防远程监控技术逐步发展，经济发达地区开始探索并相继建立了消防远程监控中心，成为消防信息化系统联网的原型。

消防领域计算机的应用虽然在 20 世纪 90 年代中后期以来取得了一些成绩，但大多处于自发状态，没有形成系统，没有从总体上进行规划。“消防信息化”的概念应该是从原公安部“金盾工程”（全国公安信息化工程）实施以来真正提出的。1997 年，我国召开了首届全国信息化工作会议，次年，公安部提出了实施“金盾工程”的重大战略决策，主要包括公安基础通信设施和网络平台建设、公安计算机应用系统建设、公安工作信息化标准和规范体系建设、公安网络和信息安全保障系统建设、公安工作信息化运行管理体系建设和全国公共信息网络安全监控中心建设等。

2002 年 11 月，公安部消防局制定了《全国公安消防信息化建设一期规划（2003—2005 年）》（以下简称《一期规划》），提出了消防信息化建设的目标、原则、任务、技术要求，以及应注意把握的几个重要关系。随着《一期规划》的推进，我国消防通信网络基础设施不断完善，消防业务信息化应用逐渐丰富，消防部门运用信息化手段开展各项工作的意识也普遍增强。

2007 年，我国智慧城市建设进入技术导入期。消防领域颁布了第一部消防信息化建设国家标准《城市消防远程监控系统技术规范》GB 50440—2007。城市消防设施远程监控技术研究成果为消防信息化应用积累了经验。

2008 年，公安部消防局下发了《推进和规范城市消防安全远程监控系统建设应用的指导意见》，并启动了“十一五”消防信息化专项建设。在“十一五”期间推动地级以上城市建设消防安全远程监控中心，完成了消防部队的计算机、有线、无线、卫星等基层通信网络建设，开展了各级指挥中心和移动指挥中心、信息中心等基层设施建设，研发了包括三个基础平台（公安部消防局/消防总队两级 3G 图像综合管理平台、语音综合管理平台、信息化消防管理业务平台）、五大业务应用系统（消防监督管理系统、社会公众服务平台、灭火救援指挥系统、部队管理系统及综合统计分析系统）在内的一体化消防业务信息系统，建设了标准规范、安全保障、运维保障三项支撑体系，初步形成了覆盖各级消防机构和业务部门的消防信息化框架体系，并在天津、辽宁、浙江、湖南、陕西和新疆六个地区进行了试点应用，为消防信息化建设的进一步发展奠定了基础。

2012 年，我国智慧城市建设进入试点探索期，在全国选取探索智慧城市建设路径和模式的试点城市。在这一时期，公安部消防局启动了“十二五”消防信息化专项建设。“十二五”期间，我国陆续开展了一系列基于物联网和信息技术的消防信息化系统的研发与应用示范。例如湖北省被确定为全国开展消防大数据应用试点单位；上海市开展了基于消防安全网格化管理的信息技术支撑环境研究与应用示范；江苏省南京市基于“智慧南京”开展了消防大数据平台建设，依托物联网技术，打造出覆盖消防安保活动核心区域及集危险源监控、警力定位、数据分析、精准宣传、精确调度五大功能于一体的消防指挥平台。

正是在创新技术驱动、行业政策推动及实践探索的基础上，自 2017 年起，历年的《公安部消防局工作要点》均涉及“智慧消防”相关内容，特别是 2017 年 10 月 10 日，公安部消防局发布了《关于全面推行“智慧消防”建设的指导意见》（以下简称《指导意见》），明确提出了智慧消防建设的基本原则、工作目标、重点任务及工作要求，即按“急需先建、内外共建”方式，重点抓好“五大项目”建设，实现动态感知、智能研判、精准防控，全面提高消防工作科技化、信息化和智能化水平。《指导意见》极大地推动了我国的智慧消防建设，使其进入了阶段性高速发展时期，这也是首次在公开的官方文件中出现了“智慧消防”的概念，该概念与“消防信息化”“智能消防”“消防物联网”等共同形成了消防行业里出现频次最多的与信息化相关的用语。

2018 年以来，相关部门陆续推出了多项智慧消防政策，为智慧消防技术的发展提供了良好的环境。消防体制改革调整了我国原来的消防管理顶层架构，但在中共中央和国务院联合印发的《关于深化消防执法改革的意见》中，仍强调要“完善‘互联网＋监管’、运用物联网和大数据技术实时化、智能化评估消防安全风险”。

2020 年 4 月，国务院发布的《全国安全生产整治三年行动计划》中进一步要求：积极推广应用消防安全物联网监测、消防大数据分析研判等信息技术，推动建设基层消防网格信息化管理平台，2021 年底前地级以上城市建成消防物联网监控系统，2022 年底前分级建成城市消防大数据库。

2021 年，《中华人民共和国国民经济和社会发展第十四个五年规划和 2035 年远景目标纲要》提出加快数字化发展，建设数字中国的规划；同年，应急管理部发布了《关于推进应急管理信息化建设的意见》。

2022 年，国务院安全生产委员会制定《“十四五”国家消防工作规划》，要求积极融入“智慧城市”“智慧应急”，深化“智慧消防”建设。

2023 年，中共中央、国务院印发了《数字中国建设整体布局规划》，提出建设数字中国是数字时代推进中国式现代化的重要引擎，是构筑国家竞争新优势的有力支撑。数字化、智能化建设已成为我国消防行业的主旋律。

从上述几个关键的时间点可以看出，我国智慧消防概念被广泛应用虽然始于 2017 年，但它无疑继承了从 19 世纪 90 年代开始的信息化基础建设成果、20 世纪初城市消防远程监控系统的先进经验，也在与时俱进地逐步融入 IT 技术的最新成果。总的来说，我国智慧消防的发展可以概括为三个阶段：

（1）起步阶段（20 世纪 80 年代至 2006 年）。从火灾统计计算机系统开发到“消防信息化”概念提出，全国消防信息化建设开始起步。

（2）探索阶段（2007—2016 年）。从城市消防远程监控系统建设到“智慧城市”规划及试点示范，开启了消防信息化系统的研发与探索。

（3）发展应用阶段（2017 年至今）。从“智慧消防”概念正式提出到相关政策陆续出台，智慧消防开始被广泛应用。

当前，我国智慧消防行业借力智慧城市得到快速发展，尤其是在“十四五”期间数字化转型背景下，智慧消防建设达到新的高度。然而，智慧消防行业整体仍处于发展初期，消防信息化仍是消防领域技术发展的方向，智慧消防仍是未来的实现目标。主要表现在：

（1）软硬件产品初具规模。软硬件产品已经广泛应用于各类场所，可有效地辅助消防工作，然而受限于当前的智慧消防发展阶段，软硬件表现形式单一，有时难以满足特定场景下的消防需求。现阶段，为提升软硬件产品的针对性和实用性，正在积极探索与人工智能、5G 通信、BIM、GIS 等技术结合，同时也在逐步开展更具适用性的应用研究。

（2）适用算法初步应用。在物联网技术的基础上，大部分智慧消防系统均可实现数据的采集、监测、记录、查询和简单研判等功能，然而智慧消防适用性算法尚有优化空间。现阶段，系统研究基于物联网数据及消防数据的专用算法及应用，将为智慧消防注入新的生命力，或将成为今后技术发展的主要方向。

（3）标准体系初步建立。智慧消防尚且处于发展阶段，标准化是智慧消防长远发展的基石。我国很多省市已经陆续出台了智慧消防相关标准，然而据了解，国家层面尚未专门制定关于智慧消防建设的法律法规，现行立法也尚未提及智慧消防建设。现阶段，在建设智慧消防过程中，应逐步制定明确具体的智慧消防标准规范，实现有法可依、有章可循。

参考文献

[1] 孙其博, 刘杰, 黎羴, 等. 物联网: 概念、架构与关键技术研究综述[J]. 北京邮电大学学报, 2010, 33(3): 1-9.

[2] CURONE D, SECCO E L, TOGNETTI A, et al. Smart garments for emergency operators: the proetex project[J]. IEEE Transactions on Information Technology in Biomedicine: A Publication of the IEEE Engineering in Medicine and Biology Society, 2010, 14(3): 694-701.

[3] ATIK H, TANNA S. Informatisation in the European Union: a comparison with USA and Japan[C]//Business and Economic Society International Conference. 1999.

[4] MANVILLE C, COCHRANE G, CAVE J, et al. Mapping smart cities in the EU.2014.

[5] 张树剑, 滕俊飞. 探析日本东京都建设统一联动的城市群防灾减灾体系经验[J]. 中国应急管理, 2019(12): 4.

[6] 廖小梅. 试论全球及我国的信息化趋势[D]. 西安: 陕西师范大学, 2003.

[7] 李傲蕾. 温州市“智慧消防”体系建设研究[D]. 咸阳: 西北农林科技大学, 2020.

[8] 邱斌. 消防信息化建设探析[D]. 武汉: 华中师范大学, 2004.

[9] 刘晓薇, 雷蕾. 智慧消防发展现状研究[J]. 消防界: 电子版, 2022, 8(1): 19-22.

[10] 李栋, 张云明. 智慧消防的发展与研究现状[J]. 软件工程与应用, 2019, 8(2): 6.

[11] 何积丰. 信息物理融合系统[J]. 中国计算机学会通讯, 2010, 6(1): 25-29.

[12] SAN-MIGUEL-AYANZ J, SCHULTE E, SCHMUCK G, et al. The European forest fire information system in the context of environmental policies of the European Union. (Special issue: the fire paradox project: Setting the basis for a shift in the forest fire policies in Europe)[J]. Forest Policy and Economics, 2013:29.

[13] 吴艳敏, 靳豆豆. 我国智慧消防标准规范分析及完善[J]. 武警学院学报, 2021, 37(4): 40-44.

[14] 陈南, 尹绮, 等. 基于 BIM 的消防应用系统[M]. 北京: 中国建筑工业出版社, 2017.

第二章

消防基础知识

智慧消防技术作为信息技术与消防安全理念深度融合的产物，是助力消防工作创新升级、提升社会整体消防安全水平的重要工具。本质上，智慧消防技术仍被用于火灾的预防和控制，它与消防基础知识紧密相连。因此，了解火灾的成因及发展规律，掌握建筑防火设计思路与消防设施功能组成，明晰消防安全管理体系与职责，对于高效应用智慧消防技术尤为必要。

第一节 火灾与燃烧

火是人类赖以生存和发展的一种自然力，火的利用具有划时代的意义。它推动了社会生产力的显著提升，标志着人类由茹毛饮血的荒蛮时代迈向文明的新纪元，在生活、生产和科学技术等的演进中发挥着不可替代的作用。然而，火在给人类带来璀璨文化与科技进步的同时，也带来了不容忽视的灾难。

一、概述

火灾是一种不受时间、空间限制，发生频率最高的灾害。从本质上讲，火灾是一种燃烧现象，学术界将其定义为“一种失去控制的燃烧现象”，其发生和扩散的过程遵循燃烧学的基本规律。燃烧学对于“燃烧”的表述为“一种发光、发热、剧烈的化学反应”，在火灾发展的初始阶段，通常也包含燃烧学中的点燃等基本现象，但就火灾而言，其涉及的范围比点燃更广，因此需要着重关注它们之间的差异。

火灾的分类方式有很多种：

（1）依据发生地点或场所的不同，可分为建筑火灾、森林火灾、矿山火灾、海上油井火灾以及交通工具火灾等，其中尤以建筑火灾发生的频率和造成的损失最多且最严重。

（2）依据燃烧对象的不同，可分为固体物质火灾、液体火灾和可熔化的固体火灾、气体火灾、金属火灾、带电火灾以及烹饪器具内的烹饪物火灾等。

（3）依据起火原因的不同，可分为自然性火灾和行为性火灾，自然性火灾包括直接发生的火灾（雷击火等）和有条件性的次生火灾（高温干旱引发的自燃等），行为性火灾包括人为破坏性火灾和更为常见的无意识行为性火灾（用火用电不慎引起的火灾等）。

从可燃物的燃烧特性出发，结合建筑、森林、矿山等地点的环境因素以及引发起火的不同条件，开展综合性分析，并就某些特殊的火灾行为（阴燃、回燃、轰燃、闪燃、爆炸等）进行深入研究，探明火灾形成的基本规律，可为火灾预警防治和消防安全管理工作提供坚实的理论支撑。

二、燃烧基础理论

（一）燃烧的本质与条件

燃烧是指可燃物与氧化剂作用发生的放热反应，通常伴有火焰、发光或发烟的现象。

由于燃烧区温度较高，使其中白炽的固体粒子和某些不稳定（或受激发）的中间物质分子内的电子发生能级跃迁从而产生各种波长的光，发光的气相燃烧区称为“火焰”，而由于燃烧不完全等原因使产物中混有的一些微小颗粒称为“烟”。

燃烧本质上是一种特殊的氧化还原反应，反应的发生离不开三个必要的条件：可燃物、助燃物和点火源。其中，凡能与空气中的氧或其他氧化剂起燃烧反应的物质均称为可燃物，凡与可燃物结合能诱发和支持燃烧的物质均称为助燃物，而凡能引起物质燃烧的点火能量统称为点火源。

在燃烧反应中，可燃物属于还原剂，依据物质形态的不同可分为可燃气体、可燃液体和可燃固体。可燃气体的危险性通常依据其爆炸下限进行分类，可燃液体的危险性主要依据其闪点进行分类，可燃固体则通常根据其熔点、闪点、燃点、热分解温度等评估其燃烧难易程度后进行分类。从物质的组成成分来看，除氢气、磷、硫、钾、钠等物质外，绝大多数无机物不可燃；除卤代烃、硅烷外，绝大多数有机物可燃，如甲烷、酒精、木材、煤等。助燃物属于氧化剂，常见的包括氧气、氯气、浓硫酸、过氧化钠等。点火源为驱动反应发生的能量，包括热能、机械能、光能以及化学能等。

燃烧反应的三个条件缺一不可，只有三者在同一时空环境下，且可燃物和助燃物达到一定的数量和浓度，点火源具备一定的温度和足够的能量，方可引起燃烧。在消防领域，防火的原理即为防止燃烧条件的形成，包括控制可燃物、隔绝助燃物、消除点火源。灭火的本质即为破坏已形成的燃烧条件，常见的灭火方法包括降低着火区温度、隔离可燃物、降低氧浓度和抑制着火区内的链锁反应。

（二）着火理论

着火是指直观中的混合物反应自动加速，并自动升温进而引起空间某个局部最终在某个时间有火焰出现的过程。可燃物的着火方式可分为自燃和点燃两大类。自燃也称自发着火，是指可燃物在无外部火源作用下，因受热或自身发热并蓄热而发生的燃烧现象，包括热自燃和化学自燃。其中，热自燃是指可燃物因被预先均匀加热而产生的自燃，化学自燃是指可燃物在常温常压下因化学反应产生的热量着火。点燃又称强迫着火，是指可燃物局部受到火花、炽热物体等高温热源的强加热作用着火，依靠燃烧波传播到整个可燃物的现象。

1. 谢苗诺夫自燃理论

如果在一定的初始条件下，系统不能在整个时间区段保持低温水平的缓慢反应状态，而出现一个剧烈的加速的过渡过程，使系统在某个瞬间达到高温反应态，即达到燃烧态，则这个初始条件就是着火条件。

在着火条件分析中主要考虑化学反应的放热与该体系向环境的散热这两个因素。某一反应体系在初始条件下，进行缓慢的氧化还原反应，反应产生热量的同时向环境散热，当产生的热量大于散热时，体系的温度升高，化学反应速度加快，产生更多的热量，反应体系的温度进一步升高，直至着火燃烧，这就是谢苗诺夫自燃理论的基本思想。

2. 链锁反应理论

谢苗诺夫自燃理论是关于物质的放热反应和该物质所组成的系统的“自动点火”的理论，其对燃烧规律的研究具有重要意义，但也存在一定的局限性。20 世纪，有化学家发现，有些化学反应的发展不需要进行加热，并且在较低的温度下即可达到较高的反应速率。人们意识到在反应过程中可能产生了某种活化源，即“中间产物”（后称为“自由基”），这时的化学反应不仅取决于反应物，还取决于中间产物，这种反应即称为“链锁反应”。

链锁反应理论认为，反应的自动加速不一定要靠热量的积累，也可以通过链锁反应逐渐积累自由基的方法使反应自动加速，直至着火。系统中自由基数目能否发生积累是链锁反应的关键，是反应过程中自由基增长因素与销毁因素相互作用的结果。

链锁反应一般由链引发、链传递、链终止三个步骤组成，可分为直链反应和支链反应两类。直链反应即自由基数目不变的反应，直链反应在链传递中每消耗一个自由基的同时又生成一个自由基，直到链终止。支链反应是指一个自由基在链传递过程中生成最终产物的同时产生两个或两个以上自由基，自由基的数目在反应过程中是随时间增加的，反应速率也是加快的。

3. 强迫着火

强迫着火指可燃物的一小部分先着火，形成局部的火焰核心，然后这个火焰核心再把邻近的物质点燃，这样逐层依次地引起火焰的传播，从而使整个可燃物燃烧起来。

强迫着火与自发着火的差异体现在以下几个方面：

（1）强迫着火仅仅在反应物的局部（点火源附近）进行，所加入的能量在小范围内引燃可燃物，而自发着火则在整个空间进行。

（2）强迫着火时，可燃物通常处于较低的温度状态，为了保证火焰能在较冷的物质中传播，点火温度一般要比自燃温度高得多；自发着火是全部物质都处于环境温度包围下，由于反应自动加速，使全部可燃物的温度逐步提高到自燃温度而引起。

（3）强迫着火的全过程包括在可燃物局部形成火焰中心、火焰在可燃物中的传播扩展两个阶段，其过程较自发着火要复杂。

（三）可燃气体燃烧

可燃气体燃烧的形式包括预混燃烧和扩散燃烧。预混燃烧是指可燃气体、蒸汽或粉尘预先同空气（氧气）混合，遇火源产生带有冲击力的燃烧。扩散燃烧是指可燃气体、蒸汽或粉尘与空气（氧气）未经预先混合，依靠整体的对流扩散运动使可燃气体与氧气在某一空间内边混合边燃烧的燃烧方式。

预混燃烧一般发生在封闭体系中或混合气体向周围扩散速度远小于燃烧速度的敞开体系中，燃烧时放热造成产物体积迅速膨胀，压力快速升高。预混燃烧反应快、温度高、火焰传播速度快。扩散燃烧中可燃气体在喷出前未与空气混合，在适当的点火源能量的作用下，可燃气体从存储容器或输送管道中喷射出来后卷吸周围的空气，边混合边燃烧，形成射流扩散火焰，其特点是燃烧比较稳定，火焰温度相对较低，扩散火焰不运动。

可燃气体燃烧还涉及一种特殊类型的燃烧，即爆炸。爆炸指物质从一种状态迅速地转变为另一种状态（或者物质性质和成分发生根本变化）时，在瞬间释放巨大的能量，同时产生声响的现象，分为化学性爆炸、物理性爆炸和核爆炸。燃烧中的爆炸即指化学性爆炸。爆炸涉及两个重要的指标，分别是爆炸上限和爆炸下限。可燃气体浓度在爆炸上限以上时，由于含有过量的可燃性物质，空气（氧气）非常不足，火焰无法扩散蔓延；在爆炸下限以下时，含有过量空气，空气的冷却作用阻止了火焰的蔓延。爆炸下限通常用于评定可燃气体火灾危险性的大小。

（四）可燃液体燃烧

可燃液体燃烧形式主要表现为液面燃烧，即火焰直接在液体表面上生成，也称为池火。与气体燃烧相比，液体燃烧主要包括蒸发和气相燃烧两个阶段，且存在闪燃、沸溢和喷溅三种特殊的燃烧类型。

闪燃是指易燃或可燃液体（包括少量可熔化的固体，如石蜡、樟脑、萘等）挥发出来的蒸汽分子与空气混合后，达到一定浓度时，遇引火源产生一闪即灭的现象。闪燃发生的原因在于易燃或可燃液体在闪燃温度下蒸发速度较慢，无法及时补充新的蒸汽以维持稳定的燃烧，因此一闪即灭。发生闪燃的最低温度即为“闪点”，通常用于评定可燃液体火灾危险性的大小。

沸溢和喷溅多发生于宽沸程的复杂多组分液体，即由多种不同沸点可燃液体组成的物质，如原油和重质石油产品。沸溢是指燃烧中热波向可燃物深层运动时油品中的乳化水或自由水气化后在上移过程中形成油包气的气泡并向外溢出的现象。随着燃烧的进行，热波的温度逐渐升高，热波向下传递的距离逐渐扩大，热波达到水垫层后水垫的水大量蒸发，蒸汽的体积迅速膨胀并将水垫上方的液体层抛向空中，向外喷射，这种现象称为喷溅。

（五）可燃固体燃烧

可燃固体燃烧形式包括蒸发燃烧、表面燃烧、分解燃烧、阴燃、自燃和动力燃烧。蒸发燃烧是指固体物质受到热源加热时，先熔融蒸发，而后再与氧气发生燃烧反应，例如蜡烛、硫、钾、樟脑等的燃烧。表面燃烧是一种无火焰的燃烧，其燃烧反应是在其表面由氧和物质直接作用而发生的，又称为异相燃烧，例如木炭、焦炭、铁等的燃烧。分解燃烧是指可燃固体在受到火源加热时先发生热分解，而后分解出的可燃挥发分与氧发生燃烧反应，如木材、煤、合成塑料、钙塑材料等的燃烧。

阴燃又称熏烟燃烧，是指可燃固体在空气不流通、加热温度较低、分解出的可燃挥发分较少或逸散较快、含水分较多等条件下发生的只冒烟而无火焰的缓慢燃烧现象，通常多发生于纸张、锯末、庄稼秸秆等的堆积物中，香烟燃烧也是一种典型的阴燃现象。发生阴燃需要一个适当的供热热源。供热强度过小，不能发生热解，也就不能发生阴燃；供热强度过大，热解产生气体速率就大，易发生有焰燃烧。在一定的条件下，阴燃可转化为有焰燃烧。

动力燃烧是指可燃固体或其析出的可燃挥发分遇火源所发生的爆炸式燃烧，主要包括可燃粉尘爆炸、炸药爆炸、轰燃等形式。其中，轰燃是指可燃固体由于受热分解或不完全燃烧析出可燃气体，当其以适当比例与空气混合后再遇火源时，发生的爆炸式预混燃烧。

三、火灾发展与蔓延

火灾损失统计表明，发生次数最多、损失最严重的当属建筑火灾，建筑火灾属于室内火灾的一种形式。室内火灾是指发生在受限空间内的火灾，受限空间是指由顶棚、墙壁和开口组成的空间。除常见的建筑火灾外，飞机机舱、轮船船舱、火车车厢等场所发生的火灾也属于室内火灾的范畴。本节以室内火灾为例，阐述火灾的发展与蔓延过程。

（一）火灾发展过程

依据室内火灾温度随时间的变化特点，火灾发展过程可分为四个阶段：初期发展阶段、全面发展阶段、减弱阶段和熄灭阶段，如图 2-1 所示。

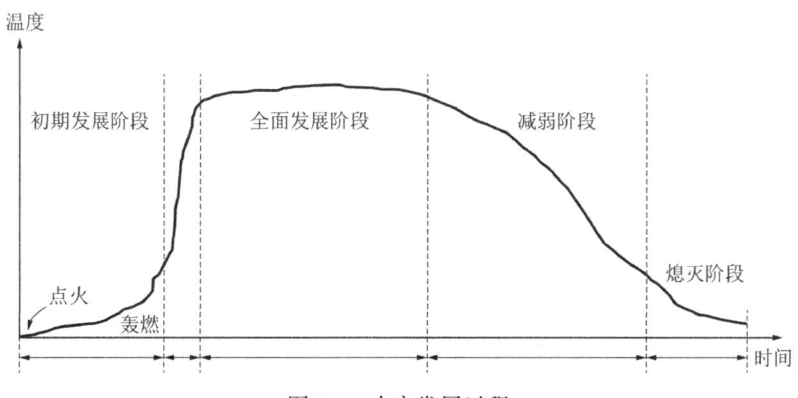

图 2-1　火灾发展过程

1. 初期发展阶段

由于火苗的产生，水蒸气、二氧化碳以及少量有毒气体随着反应的进行而被释放出来。此阶段火势发展的快慢主要取决于引起火灾的火源、可燃物的特性和环境通风条件。若通风不足或受到供氧条件的支配，则火灾可能自行熄灭或以很慢的燃烧速度继续燃烧。若存在足够的可燃物，且具有良好的通风条件，则火灾将迅速发展到整个空间，空间中的所有可燃物将卷入燃烧中，室内火灾进入到全面发展的猛烈燃烧阶段。初期发展阶段是控制火灾规模、避免造成重大损失的重要时期。

2. 全面发展阶段

随着燃烧的加剧，燃烧范围迅速扩大，辐射热急剧增加，燃烧面积进一步扩大，甚至出现轰燃现象。进入此阶段后室内温度会迅速提升，火势可包围空间内所有的可燃物，燃烧速度猛烈加快，严重地损坏室内设备及结构本身，甚至造成部分或全部倒塌。此外，高温火焰还常常卷积着大量可燃气体从起火室窜出，使火焰蔓延到邻近的区域。

该阶段是火灾中最危险的阶段，火灾全面发展阶段的持续时间取决于室内可燃物的性质、数量以及通风条件。为控制火灾损失，应设置具备抗火性能的防火分隔物，选用耐火极限较高的建筑构件作为建筑的承重体系。

3. 减弱阶段

随着时间的推移，可燃物逐渐减少，当通风不佳或者空气（氧气）供应不足时，可燃物由有焰燃烧转变为阴燃状态，此时室内温度缓慢降低但仍维持较高的状态，足以使可燃物质分解出轻质气体，若此时由于不合理的通风导致新鲜空气的过量引入，可能会再次诱发轰燃。

4. 熄灭阶段

随着可燃物逐渐燃烧完毕，火灾最终进入衰退熄灭阶段，此时室内温度大约为 500℃，由于高温的存在，一些可燃物质还可能继续分解出较轻的气体。

在室内火灾发展的过程中，需要特别关注两个现象，分别是轰燃和回燃。轰燃的发生标志着室内火灾由局部燃烧的小火转变为室内所有可燃物都燃烧的大火。在轰燃发生的短暂时间内，火焰会从局部快速蔓延到室内所有可燃物表面，火焰还将从房间的开口向外喷出，室内温度能增至数百甚至上千摄氏度。

回燃是指室内通风不足时，无法维持长时间的有焰燃烧，而是持续地生成具有可燃性的不完全燃烧产物和热解产物，包括可燃气体、可燃液滴和碳烟粒子等，其浓度随着燃烧时间的增长而不断增加。此时若有开口补充进新鲜的空气，进入房间的空气将与释放的可燃气体混合，任何点火源（如余烬）都可能点燃混合物并引发燃烧速率极高的燃烧，燃烧气体受热膨胀后在高压冲击波的作用下由开口处喷出火球。回燃产生的高温高压和喷出的火球不仅会对人身安全产生极大威胁，而且还会对建筑物结构本身造成较大的破坏。

（二）火灾蔓延传播

1. 火灾蔓延传播机理

火灾的蔓延传播主要依靠热量的传递，热量传递的基本形式包括热对流、热传导和热辐射。火灾中热量传播的形式与起火点、建筑材料、物质的燃烧性能和可燃物的数量等因素有关。

热对流又称对流换热，是指流体各部分之间发生相对位移，冷热流体相互掺混引起热量传递的方式。热对流中能量的传递与流体流动有密切的关系。火灾发生过程中，通常通风孔洞面积越大、位置越高，热对流的速度越快。热对流是热传播的重要方式，是影响初期火灾发展的最主要因素，使用防烟、排烟等强制对流设施是抑制烟气扩散和自然对流的主要措施。

热传导又称导热，属于接触传热，是连续介质就地传递热量且各部分之间没有相对宏观位移的一种传热方式。影响热传导的主要因素包括温差、导热系数，以及导热物体的厚度和截面积。火灾通过传导的方式进行蔓延扩大，有两个明显的特点：一是必须具有导热性好的媒介，如金属构件、薄壁构件或金属设备等；二是蔓延的距离较近，一般只能是相邻的建筑空间。

热辐射是因热的原因而发出辐射能的现象，辐射换热是物体间以辐射的方式进行的热量传递。火场上的火焰、烟雾都能辐射热能，辐射热能的强弱取决于燃烧物质的热值和火焰温度。物质热值越大，火焰温度越高，热辐射也越强。辐射热作用于附近的物体上，能否引起可燃物质着火的关键在于热源的温度、距离和角度。

2. 火灾蔓延传播途径

1）水平方向蔓延

火灾水平方向主要通过开口蔓延，包括不具备防火性能或防火性能较差的门、窗、洞口，以及未进行防火封堵的管道穿墙处等。火灾发生后，烟气由起火点处通过走道向周边扩散，若与起火房间相邻的房间存在开口，烟气将裹挟着热量经由开口扩散至相邻房间并将其室内物品引燃；若相邻房间门窗紧闭，则需待火势将相应开口破坏后再引燃室内可燃物。此外，对于存在闷顶的建筑，由于闷顶内空间大且往往没有防火分隔措施，很容易造成火势在闷顶内水平蔓延，进而通过与房间连通的孔洞向其他房间蔓延。

2）竖直方向蔓延

火灾竖直方向的蔓延主要有两个途径：一是通过建筑内部连通上下的空间蔓延，如楼梯间、电梯井、管道井；二是通过建筑外墙的窗口蔓延，由起火房间窗口喷出的火焰沿外窗向上逐层蔓延。

3）通风管道蔓延

除上述两种方式外，火灾还可通过空调系统的通风管道在水平和竖直方向蔓延。当通风管道为可燃材料时，通风管道被引燃后即向连通的空间蔓延。此外，火灾的高温烟气可通过管道蔓延至远离火场的其他空间，这就要求空调系统的管道必须具备一定的防火性能且设置火灾时可自动关闭管道的防火阀。

综上所述，对于主体为耐火结构的建筑来说，火灾蔓延的主要途径一是未设有效的防火分区，火灾在未受限制的条件下蔓延；二是洞口处的分隔处理不完善，火灾穿越防火分隔区域蔓延；三是防火隔墙和房间隔墙未砌至顶板，火灾在吊顶内部空间蔓延；四是采用可燃构件与装饰物，火灾通过可燃的隔墙、吊顶、地毯等蔓延。

第二节　建筑防火

建筑防火广义上是指对可能引发火灾及可能导致火灾危害或损失增大的因素所预先采取的相应技术防治措施，可分为被动防火和主动防火。狭义上的建筑防火即指被动防火，以提升建筑本体的消防耐火性能和疏散能力为主，包括建筑耐火等级划分、总平面布局设计、建筑构造与装修设计、防火和防烟分区划分、安全疏散和避难设计等内容。智慧消防在建筑防火领域的应用主要为对防火门、防火卷帘等防火分隔设施，以及疏散走道、安全出口等疏散设施进行有效性的监测预警。

一、建筑分类和耐火等级

我国消防技术规范对于民用建筑主要依据其建筑高度、层数及使用功能进行分类，对于工业建筑（厂房和仓库）主要依据其生产或储存物品的火灾危险性进行分类。《建筑设计防火规范》（2018 年版）GB 50016—2014 中规定的民用建筑的分类如表 2-1 所示。

民用建筑的分类 **表 2-1**

名称	高层民用建筑		单、多层民用建筑
	一类	二类	
住宅建筑	建筑高度大于 54m 的住宅建筑（包括设置商业服务网点的住宅建筑）	建筑高度大于 27m，但不大于 54m 的住宅建筑（包括设置商业服务网点的住宅建筑）	建筑高度不大于 27m 的住宅建筑（包括设置商业服务网点的住宅建筑）
公共建筑	（1）建筑高度大于 50m 的公共建筑 （2）建筑高度 24m 以上部分任一楼层建筑面积大于 1000m^2 的商店、展览、电信、邮政、财贸金融建筑和其他多种功能组合的建筑 （3）医疗建筑、重要公共建筑、独立建造的老年人照料设施 （4）省级及以上的广播电视和防灾指挥调度建筑、网局级和省级电力调度建筑 （5）藏书超过 100 万册的图书馆、书库	除一类高层公共建筑外的其他高层公共建筑	（1）建筑高度大于 24m 的单层公共建筑 （2）建筑高度不大于 24m 的其他公共建筑

建筑分类不同表明其应具备不同等级的防火性能，通常以耐火等级进行区分。耐火等级是衡量建筑物耐火程度的分级标度，表现为组成建筑物的构件和材料的耐火极限与燃烧性能的不同。《建筑防火通用规范》GB 55037—2022 中关于常见建筑耐火等级的规定如下：

（1）地下或半地下建筑（室），一类高层建筑，2 层和 2 层半式，多层式民用机场航站楼，A 类广播电影电视建筑，四级生物安全实验室，Ⅰ类汽车库，Ⅰ类修车库，甲、乙类物品运输车的汽车库或修车库，其他高层汽车库，建筑高度大于 50m 的高层厂房，建筑高度大于 32m 的高层丙类仓库，储存可燃液体的多层丙类仓库，每个防火分隔间建筑面积大于 3000m^2 的其他多层丙类仓库，Ⅰ类飞机库等的耐火等级不应低于一级。

（2）类高层建筑，1 层和 1 层半式民用机场航站楼，总建筑面积大于 1500m^2 的单、多层人员密集场所，B 类广播电影电视建筑，一级普通消防站，二级普通消防站，特勤消防站，战勤保障消防站，设置洁净手术部的建筑，三级生物安全实验室，用于灾时避难的建筑，电动汽车充电站建筑，Ⅱ类汽车库，Ⅱ类修车库，变电站，建筑面积大于 300m^2 的单层甲、乙类厂房，多层甲、乙类厂房，高架仓库，Ⅱ、Ⅲ类飞机库，使用或储存特殊贵重的机器、仪表、仪器等设备或物品的建筑，高层厂房、仓库等的耐火等级不应低于二级。

（3）城市和镇中心区内的民用建筑，老年人照料设施、教学建筑、医疗建筑，除上述两项之外的甲、乙类厂房，单、多层丙类厂房，多层丁类厂房，单、多层丙类仓库，多层丁类仓库，丙、丁类物流建筑等的耐火等级不应低于三级。

（4）裙房的耐火等级不应低于高层建筑主体的耐火等级。建筑物耐火等级表明了不同功能、高度的建筑物需要具备不同等级的耐火性能。火灾案例表明，耐火等级高的建筑，火灾时烧坏、倒塌的很少；耐火等级低的建筑，火灾时不耐火、燃烧快、损失大。

通常情况下，一级耐火等级建筑多为钢筋混凝土结构或砖混结构，二级耐火等级建筑和一级耐火等级建筑基本上相似，但其构件的耐火极限相对较低，且可以采用未加保护的钢屋架，三级耐火等级建筑多为木屋顶、钢筋混凝土楼板、砖墙组成的砖木结构，四级耐火等级建筑通常是由木屋顶、难燃烧体墙壁组成的可燃结构。

二、建筑总平面布局

建筑的总平面布局是指结合城市规划和消防要求合理确定建筑选址、与其他建筑的防火间距，以及外围消防救援设施的布置。

（一）总平面布局

1. 建筑选址

通常应根据建筑物的使用性质、生产经营规模、建筑高度、体量及火灾危险性等确定建筑的选址，合理确定其建筑位置，不宜将民用建筑布置在甲、乙类厂（库）房，甲、乙、丙类液体储罐，可燃气体储罐和可燃材料堆场的附近。

2. 防火间距

防火间距是指防止着火建筑在一定时间内引燃相邻建筑，便于消防扑救的间隔距离。合理设置防火间距可避免失火建筑对相邻建筑及其使用者造成强烈的烟气侵袭和辐射传热，阻止火势蔓延，有效地将火灾控制在一定范围内，为人员疏散和火灾扑救提供有利条件。《建筑设计防火规范》（2018 年版）GB 50016—2014 规定了防火间距的计算方式，具体如下：

（1）建筑物之间的防火间距应按相邻建筑外墙的最近水平距离计算，当外墙有凸出的可燃或难燃构件时，应从其凸出部分外缘算起。

（2）建筑物与储罐、堆场的防火间距，应为建筑外墙至储罐外壁或堆场中相邻堆垛外缘的最近水平距离。

（3）储罐之间的防火间距应为相邻两储罐外壁的最近水平距离。

（4）储罐与堆场的防火间距应为储罐外壁至堆场中相邻堆垛外缘的最近水平距离。

（5）堆场之间的防火间距应为两堆场中相邻堆垛外缘的最近水平距离。

（6）变压器之间的防火间距应为相邻变压器外壁的最近水平距离。

（7）变压器与建筑物、储罐或堆场的防火间距，应为变压器外壁至建筑外墙、储罐外壁或相邻堆垛外缘的最近水平距离。

（8）建筑物、储罐或堆场与道路、铁路的防火间距，应为建筑外墙、储罐外壁或相邻堆垛外缘距道路最近一侧路边或铁路中心线的最小水平距离。

《建筑设计防火规范》（2018 年版）GB 50016—2014 中规定民用建筑之间的防火间距不应小于表 2-2 的规定。相邻两座通过连廊、天桥或下部建筑物等连接的建筑，防火间距应按照两座独立建筑确定。当存在相邻两座建筑相邻外墙为防火墙、屋顶耐火极限较高、相邻外墙开口部位门窗为甲级防火门窗等情形时，建筑间的防火间距可根据规范要求有所放宽。

民用建筑之间的防火间距（m） **表 2-2**

建筑类别		高层民用建筑	裙房和其他民用建筑		
		一、二级	一、二级	三级	四级
高层民用建筑	一、二级	13	9	11	14
裙房和其他民用建筑	一、二级	9	6	7	9
	三级	11	7	8	10
	四级	14	9	10	12

（二）消防车道和登高操作场地

建筑外部的消防救援设施主要包括消防车道和登高操作场地。消防车道是供消防车灭火救援时通行的道路，登高操作场地是为了满足扑救建筑火灾和救助高层建筑中遇困人员所需要的登高车辆的操作场地。为保证消防救援车辆能够顺利通行并开展救援工作，应充分考虑消防车辆的外形尺寸、载重、转弯半径等消防车技术参数以及建筑物的体量大小、周围通行条件，规范设置车道及场地的形式、尺寸及承载力等参数：

（1）车道的净宽、净高、转弯半径等应满足消防车通行和转弯的要求。

（2）高度高、体量大、扑救困难的建筑，应至少沿建筑的长边设置消防车道，条件允许时可设置环形消防车道。

（3）长度较长的尽头式消防车道应设置满足消防车回转要求的场地或道路。

（4）消防车道、登高操作场地与建筑之间不应设置妨碍消防车操作的树木、架空管线等障碍物，且应具有一定的间距。

（5）消防车道及消防车登高操作场地的坡度应满足消防车辆正常通行和救援作业的要求。

（6）消防车道的路面、登高操作场地、消防车道和登高操作场地下面的管道和暗沟等，应能承受重型消防车的压力。

三、建筑平面布置

建筑平面布置是指结合建筑的耐火等级、火灾危险性、使用功能和安全疏散等因素对内部空间进行科学的布置。建筑建设时，除了要考虑城市的规划和在城市中的设置位置外，还应在满足功能需求的同时根据建筑的耐火等级、火灾危险性、使用性质、人员疏散和火灾扑救等因素，合理布置功能空间并划分防火分区和防烟分区，以防止火灾和烟气在建筑内部蔓延扩大，确保火灾时的人员生命安全，减少财产损失。建筑平面布置应满足以下原则：

（1）建筑内部某部位着火时，能限制火灾和烟气在（或通过）建筑内部和外部的发展蔓延，并为人员疏散、消防人员灭火救援提供保护。

（2）建筑物内部某处发生火灾时，减少对邻近（上下层、水平相邻空间）分隔区域的强辐射热和烟气的影响。

（3）便于消防人员进入火场利用灭火设施进行灭火救援行动。

（4）设置有火灾或爆炸危险的建筑设备的场所，应设置防止发生火灾或爆炸的措施，及时控制灾害的蔓延扩大，尽可能避免对人员和贵重设备产生影响或危害。

（一）防火分区

防火分区是指在建筑内部采用防火分隔设施分隔而成，能在一定时间内防止火灾向同一建筑的其余部分蔓延的局部空间，可分为水平防火分区和竖向防火分区。防火分隔设施是指具有阻止火势蔓延的作用，能把整个建筑空间划分成若干较小防火空间的建筑构件，包括固定式防火分隔设施：普通的砖墙、耐火楼板、防火墙、防火悬墙、防火墙带等；可开启和关闭的防火分隔设施：防火门、防火窗、防火卷帘、防火吊顶、防火幕、防火水幕等。

防火分区的划分应与使用功能的布置相统一，划分时应首选固定分隔物，同时应优先保证安全疏散。越重要、越危险的区域防火面积应越小，控制防火分区的最大允许建筑面积，其实质是控制防火分区内的火灾荷载，确保外部救援力量能在当时的救援条件下和允许的灭火时间内控制火灾。《建筑设计防火规范》（2018 年版）GB 50016—2014 规定的不同耐火等级建筑防火分区最大允许建筑面积如表 2-3 所示。当设置自动灭火设施时，防火分区的面积可依据要求适当扩大。

不同耐火等级建筑防火分区最大允许建筑面积（m^2）　　表 2-3

名称	耐火等级	防火分区的最大允许建筑面积
高层民用建筑	一、二级	1500
单、多层民用建筑	一、二级	2500
	三级	1200
	四级	600
地下或半地下建筑（室）	一级	500

建筑物内如设有上下层相互连通的走马廊、敞开楼梯、自动扶梯、传送带、跨层窗、

中庭等开口部位，应按上下连通层作为一个防火分区对待。特别地，对于中庭区域，当上下连通区域叠加计算后的建筑面积大于一个防火分区的最大面积时，应将中庭与周围连通空间进行防火分隔并设置排烟设施，中庭内不应布置可燃物。对于高层建筑，中庭回廊还应设置自动喷水灭火系统和火灾自动报警系统。

（二）防烟分区

防烟分区是在建筑内部采用挡烟设施分隔而成，可在一定时间内防止火灾烟气向同一防火分区的其余部分蔓延的局部空间。防烟分区的划分主要依据建筑内功能分区的划分和排烟系统的设计，无须设置排烟设施的区域可不划分防烟分区。防烟分区的划分应满足以下要求：

（1）防烟分区应采用挡烟垂壁、隔墙、结构梁等进行划分。

（2）防烟分区不应跨越防火分区。

（3）防烟分区的建筑面积不宜超过规范要求。

（4）采用隔墙等形成的封闭分隔空间，该空间宜作为一个防烟分区。

（5）储烟仓厚度应由所采用的排烟方式确定，同时应保证疏散所需的清晰高度。

（6）有特殊用途的场所应单独划分防烟分区。

《建筑防烟排烟系统技术标准》GB 51251—2017 中关于公共建筑、工业建筑防烟分区的最大允许面积及其长边最大允许长度如表 2-4 所示。当工业建筑采用自然排烟系统时，其防烟分区的长边长度尚不应大于建筑内空间净高的 8 倍。公共建筑、工业建筑中的走道宽度不大于 2.5m 时，其防烟分区的长边长度不应大于 60m。当空间净高大于 9m 时，防烟分区之间可不设置挡烟设施。

公共建筑、工业建筑防烟分区的最大允许面积及其长边最大允许长度　　表 2-4

空间净高H（m）	最大允许面积（m²）	长边最大允许长度（m）
$H \leqslant 3.0$	500	24
$3.0 < H \leqslant 6.0$	1000	36
$H > 6.0$	2000	60m，具有自然对流条件时，不应大于 75m

四、建筑构造与装修

（一）建筑构件防火

建筑构件的防火性能包括耐火极限和燃烧性能两个指标。耐火极限是指在标准耐火试验条件下，建筑构件、配件或结构从受到火的作用时起，至失去承载能力、完整性或隔热性时止所用的时间。建筑构件耐火极限的确定主要依据其在建筑结构中的重要程度，传力路线反映了各类构件在结构安全中的地位。建筑结构的传力路线通常为楼板把所受荷载传递给梁，梁传递给柱（或墙），柱（或墙）传递给基础。因此，确定楼板的耐火极限即可确定其他建筑构件的耐火极限。

火灾统计数据表明，88%的火灾可在 1.5h 之内扑灭，80%的火灾可在 1h 之内扑灭。结合现有不同耐火等级建筑建设情况和建设成本，《建筑设计防火规范》（2018 年版）GB 50016—2014 中将一级耐火等级建筑的楼板的耐火极限定为 1.5h，二级耐火等级建筑的楼板的耐火极限定为 1h，三级耐火等级建筑的楼板的耐火极限定为 0.5h，以保证 80%以上的一、二级耐火等级建筑不会在短时间内因为火灾的高温作用而垮塌。

在确定楼板的耐火极限后，依据建筑结构的传力路线，凡比楼板重要的构件，其耐火极限都应有相应的提高。以二级耐火等级建筑为例，支撑楼板的梁比楼板更重要，其耐火极限应比楼板高，定为 1.5h，柱和承重墙比梁更为重要，定为 2.5～3h。

燃烧性能通常用于描述材料或产品在火灾条件下的燃烧性质。耐火等级越高的建筑，其燃烧性能应越差。例如一级耐火等级的构件应全是不燃烧体，二级耐火等级的建筑吊顶可为难燃烧体。《建筑设计防火规范》（2018 年版）GB 50016—2014 所规定的不同耐火等级建筑相应构件的燃烧性能和耐火极限如表 2-5 所示。

不同耐火等级建筑相应构件的燃烧性能和耐火极限（h）　　表 2-5

构件名称			耐火等级			
			一级	二级	三级	四级
墙	防火墙		不燃性 3.00	不燃性 3.00	不燃性 3.00	不燃性 3.00
	承重墙		不燃性 3.00	不燃性 2.50	不燃性 2.00	难燃性 0.50
	非承重外墙	民用建筑	不燃性 1.00	不燃性 1.00	不燃性 0.50	可燃性
		厂房和仓库	不燃性 0.75	不燃性 0.50	难燃性 0.50	难燃性 0.25
	楼梯间和前室的墙 电梯井的墙 住宅建筑单元之间的墙和分户墙		不燃性 2.00	不燃性 2.00	不燃性 1.50	难燃性 0.50
	疏散走道两侧的隔墙		不燃性 1.00	不燃性 1.00	不燃性 0.50	难燃性 0.25
	房间隔墙		不燃性 0.75	不燃性 0.50	难燃性 0.50	难燃性 0.25
柱			不燃性 3.00	不燃性 2.50	不燃性 2.00	难燃性 0.50
梁			不燃性 2.00	不燃性 1.50	不燃性 1.00	难燃性 0.50
楼板		民用建筑	不燃性 1.50	不燃性 1.00	不燃性 0.50	可燃性
		厂房和仓库	不燃性 1.50	不燃性 1.00	不燃性 0.75	难燃性 0.50
屋顶承重构件		民用建筑	不燃性 1.50	不燃性 1.00	可燃性 0.50	可燃性
		厂房和仓库	不燃性 1.50	不燃性 1.00	难燃性 0.50	可燃性
疏散楼梯		民用建筑	不燃性 1.50	不燃性 1.00	不燃性 0.50	可燃性
		厂房和仓库	不燃性 1.50	不燃性 1.00	不燃性 0.75	可燃性
吊顶（包括吊顶搁栅）			不燃性 0.25	难燃性 0.25	难燃性 0.15	可燃性

（二）建筑材料防火

建筑一旦发生火灾，装饰装修材料的起火是火灾蔓延的重要因素。火势一方面可以沿顶棚、墙面及地面的可燃装修材料在建筑内部蔓延，另一方面也可以通过建筑外墙的可燃装饰材料或保温材料从外墙向上层蔓延。

我国建筑材料的燃烧性能按照国家标准《建筑材料及制品燃烧性能分级》GB 8624—2012 的有关规定，可分为 A 级不燃材料（制品）、B_1 级难燃材料（制品）、B_2 级可燃材料（制品）、B_3 级易燃材料（制品）。

建筑进行装修设计时，应结合建筑类别及场所的功能特点、需求，按照规范要求选择对应等级的装修材料及制品，最大限度地减少装修材料对于建筑消防安全性能的影响。《建筑设计防火规范》（2018 年版）GB 50016—2014 中关于常用建筑内部装修材料燃烧性能等级的划分如表 2-6 所示。

常用建筑内部装修材料燃烧性能等级划分 表 2-6

部分	级别	材料举例
各部位材料	A	花岗岩、大理石、水磨石、水泥制品、混凝土制品、石膏板、石灰制品、黏土制品、玻璃、瓷砖、马赛克、钢铁、铝、铜合金等
顶棚材料	B_1	纸面石膏板、纤维石膏板、水泥刨花板、矿棉装饰吸声板、玻璃棉装饰吸声板、珍珠岩装饰吸声板、难燃胶合板、难燃中密度纤维板、岩棉装饰板、难燃木材、铝箔复合材料、难燃酚醛胶合板、铝箔玻璃钢复合材料等
墙面材料	B_1	纸面石膏板、纤维石膏板、水泥刨花板、矿棉板、玻璃棉板、珍珠岩板、难燃胶合板、难燃中密度纤维板、防火塑料装饰板、难燃双面刨花板、多彩涂料难燃墙纸、难燃墙布、难燃仿花岗岩装饰板、氯氧镁水泥装配式墙板、难燃玻璃钢平板、PVC 塑料护墙板、轻质高强复合墙板、阻燃模压木质复合板材、彩色阻燃人造板、难燃玻璃钢等
	B_2	各类天然材料木质、人造板、竹材、纸制装饰板、装饰微薄木贴面板、印刷木质人造板、塑料贴面装饰板、聚酯装饰板、复塑装饰板、塑纤板胶合板、塑料壁纸、无纺贴墙布、墙布、复合壁纸、天然材料壁纸、人造革等
地面材料	B_1	硬 PVC 塑料地板水泥刨花板、水泥木丝板、氯丁橡胶地板等
	B_2	半硬质 PVC 塑料地板、PVC 卷材地板、木地板、氯纶地毯
装饰织物	B_1	经阻燃处理的各类难燃织物等
	B_2	纯毛装饰布、纯麻装饰布、经阻燃处理的其他织物等

此外，对于建筑外墙装饰材料及外保温材料的防火，除了限制保温材料的燃烧性能外，另一项重要措施是采取防火构造措施，即通过增设防火隔离带、防护层，提高建筑外窗的耐火完整性，避免出现大面积连通空腔构造来提高建筑的消防安全性能。

五、安全疏散与避难

安全疏散设计是指根据建筑物的使用性质、人员在火灾事故时的心理状态与行动特点、火灾危险性大小、容纳人数、面积大小等合理布置疏散设施，为人员的疏散设计安全路线的过程。

安全疏散设计应遵循以下原则：

（1）安全疏散设计应以建筑内的人能够脱离火灾危险并独立地步行到安全地带为首要原则。

（2）安全疏散方法应保证在任何时间、任何位置的人都能自由、无阻碍地进行疏散，同时应在一定程度上保证行动不便的人具有足够的安全度。

（3）疏散路线应力求短捷通畅、安全可靠，避免出现各种人流、物流相互交叉，杜绝出现逆流。

（4）建筑物内的任意一个部位，宜同时有两个或两个以上的疏散方向可供疏散。

（5）安全疏散设计应充分考虑火灾条件下人员心理状态及行为特点的特殊性，采取相应的措施保证信息传达准确及时，避免恐慌等不利情况出现。

（一）疏散设施

疏散设施包括供人员疏散行动的安全出口、疏散楼梯、疏散走道、消防电梯、屋顶直升机停机坪以及辅助人员疏散行动的事故广播、防排烟设施、应急照明和疏散指示标志等。

1. 安全出口

安全出口是指供人员安全疏散用的楼梯间和室外楼梯的出入口或直通室内外安全区域的出口。布置安全出口要遵照“双向疏散”的原则，即建筑物内常有人员停留的任意地点，均宜保持有两个方向的疏散路线，使疏散的安全性得到充分保证。防火分区人员较少或面积较小，且在消防队能从外部进行扑救范围内的，由于其疏散与扑救较为便利，可依据规范要求设置一个安全出口。

2. 疏散楼梯

疏散楼梯是指有足够防火能力作为竖向疏散通道的室内疏散楼梯和室外疏散楼梯，室内疏散楼梯包括敞开楼梯、封闭楼梯和防烟楼梯三种形式。作为建筑物中的主要垂直交通空间，疏散楼梯既是人员避难、垂直方向安全疏散的重要通道，又是消防队员灭火的辅助进攻路线。疏散楼梯的设置应符合以下要求：

（1）疏散楼梯应具有较好的防烟、防火效果。防烟楼梯间前室和封闭楼梯间的内墙，除在同层开设通向公共走道的疏散门外，不应开设通向其他房间的门窗。

（2）除通向避难层的疏散楼梯外，疏散楼梯（间）在各层的平面位置不应改变或应能使人员的疏散路线保持连续。

（3）疏散楼梯宜直接通向平屋顶，上下直通，首层与地下室之间应设有分隔设施且应有直通室外的出口。

3. 疏散走道

疏散走道通常指建筑物内的走廊或过道。疏散走道应采用不燃或难燃材料装修并设置相应的防烟排烟设施。疏散走道应宽敞明亮且不宜过长或转折过多，应能使人员在有限的时间内到达安全出口。

4. 疏散宽度

疏散宽度指标是在对可用疏散时间、人体宽度、人流在各种疏散条件下的通行能力等进行调查、实测、统计、研究的基础上建立起来的，主要包括疏散总宽度和最小疏散宽度两个参数。

疏散总宽度是指在紧急情况下用于人员疏散的通道或出口的总净宽度，可通过通行系数、百人宽度指标等确定。最小疏散宽度是指疏散走道、疏散门、疏散楼梯等的最小净宽度，《建筑防火通用规范》GB 55037—2022 中规定疏散出口门、室外疏散楼梯的净宽度均不应小于 0.8m，疏散走道、首层疏散外门、公共建筑中的室内疏散楼梯的净宽度均不应小于 1.1m，设计时应依据规范要求结合场所功能特点确定。

（二）避难设施

避难设施是指在紧急情况下提供临时庇护所的地点和设施，包括避难层、避难间和避难走道等。

避难层和避难间是指建筑内用于人员暂时躲避火灾及其烟气危害的楼层和房间，通常设置于高层医疗建筑、老年人照料设施以及建筑高度大于 100m 的工业与民用建筑中。避难层和避难间的净面积应符合所在区域避难人数避难的要求，通向避难层和避难间的疏散楼梯应采取在避难层分隔、同层错位或上下层断开的措施。

避难走道是指设置防烟设施且两侧采用防火墙分隔，用于人员安全通行至室外的走道。避难走道与疏散楼梯间的作用类似，紧急情况下人员进入避难走道即可视为进入安全区域。避难走道通常设置于水平疏散距离过长或难以按照规范要求设置直通室外安全出口的大型建筑中，避难走道的净宽度不应小于任一防火分区通向该避难走道的设计疏散总净宽度。

避难设施设计时应首先保证其与建筑其他区域间有效的防火分隔与防烟分隔：

（1）避难层除布置设备用房外，不应用于其他用途，管道井和设备间等应采用防火隔墙与避难区分隔，设备管道区、管道井和设备间与避难区或疏散走道连通时，应设置防火隔间。

（2）避难间应靠近疏散楼梯间，不应在可燃物库房、锅炉房、发电机房、变配电站等火灾危险性大的场所的正下方、正上方或贴邻设置，并应采用防火隔墙和防火门与其他部位分隔。

（3）避难走道均应采用防火隔墙和防火门与其他区域分隔，且防火分区至避难走道入口处应设置防烟前室。

此外，为了提升避难设施的火灾抵御能力，避难设施内应设置消火栓、消防软管卷盘、灭火器、消防专线电话和应急广播等消防器材或设备，同时应在内部及入口处设置应急照明装置和指示标识。

第三节　消防设施

消防设施通常属于建筑防火设计中主动防火设计的内容，以提升建筑抵御火灾破坏的能力为主，包括火灾自动报警系统、防烟排烟系统、消防给水系统、自动灭火系统等。智慧消防的建设应用，可实现基于感知设备和软件算法的消防设施全时段监控，以便及时处理消防设施的异常状态，保证消防设施的正常可靠运行。

一、火灾自动报警系统

火灾自动报警系统主要由火灾探测器、火灾报警控制器、火灾报警装置和消防联动控制系统等组成。火灾探测器将现场火灾信息（烟、温度、光）转换成电气信号传送至火灾报警控制器，火灾报警控制器将接收到的火灾信号经过处理、运算和判断后认定火灾，输出指令信号，启动火灾报警装置和消防联动控制系统，发出声、光报警信息并联动控制对应消防设施。火灾自动报警系统工作原理如图 2-2 所示。

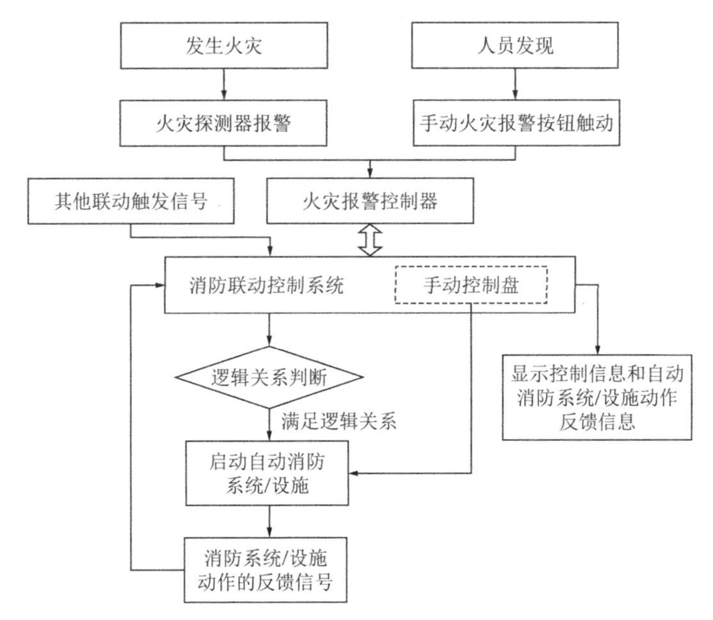

图 2-2　火灾自动报警系统工作原理

（一）系统组成

1. 火灾探测器

火灾探测器是火灾自动报警控制系统中最关键的部件之一，它以探测物质燃烧过程中产生的各种物理现象为依据，是整个系统自动检测的触发器件，可不间断地监视和探测被保护区域的火灾初期信号。根据火灾探测器探测火灾参数的不同，其可分为感烟式、感温式、感光式、可燃气体探测式和复合式等类型。

2. 手动火灾报警按钮

手动火灾报警按钮，是一种手动火灾报警设施，通常安装于经常有人出入的场所中明显和便于操作的部位。报警按钮被按下后，通过总线向火灾报警控制器发送报警信息，控制器显示报警按钮所在部位代号和注释信息，发出声、光报警信号。

3. 火灾报警控制器

火灾报警控制器是火灾自动报警控制系统的大脑，火灾报警控制器可向火灾探测器供电并接收探测报警信号、指示着火部位和记录报警信息，并通过火警发送装置启动火灾报警装置。此外，火灾报警控制器还可自动监视系统的运行状态，对特定故障或异常状态发出声、光报警。

4. 火灾报警装置

火灾报警装置包括故障指示灯、故障蜂鸣器、火灾事故光字牌、火灾警铃和应急广播等，通常以声、光报警的形式发出警示信号，同时也可记忆和显示火灾与事故发生的时间和地点。

5. 消防联动控制系统

消防联动控制系统是消防联动控制设备的核心组件。通过接收火灾报警控制器发出的火灾报警信息和动作指令，按预设逻辑对自动消防设备实现联动控制和状态监视。消防联动控制系统可直接发出控制信号，通过驱动装置控制现场的受控设备。对于控制逻辑复杂，在消防联动控制系统上不便实现直接控制的设备，通过消防电气控制装置（如防火卷帘控制器）间接控制受控设备。

（二）系统分类

1. 区域报警系统

该系统由火灾探测器、手动报警按钮、区域报警控制器或通用报警控制器、火灾报警装置等构成，适用于小型建筑对象和防火对象，系统功能仅可以探测火灾并发出声、光警报，没有联动自动消防设备的能力。

2. 集中报警系统

该系统由火灾探测器，手动报警按钮，火灾声、光警报器，消防应急广播，消防专用电话，消防控制室图形显示装置，火灾报警控制器，消防联动控制器等组成，适用于具有联动要求的保护对象，具备探测火灾和联动自动消防设备的能力。

3. 控制中心报警系统

该系统由设置在消防控制中心（或消防控制室）的消防联动控制装置、集中火灾报警控制器、区域火灾报警控制器和各种火灾探测器等组成，或由消防联动控制装置、环状布置的多台通用火灾报警控制器和各种火灾探测器及功能模块等组成，适用于建筑群或体量很大的保护对象。

二、建筑防烟排烟系统

建筑防烟排烟系统是防烟系统和排烟系统的总称，设置防烟排烟系统的目的是控制烟气合理流动，控制烟气向室外流动而不流向疏散通道、安全区和非着火区，在建筑物内创造无烟或烟气含量极低的疏散通道或安全区。

（一）防烟系统

防烟系统是指采用机械加压送风方式或自然通风防烟方式，防止烟气进入疏散通道的系统。

1. 机械加压送风

机械加压送风是指通过强制性送风的方法，使疏散路线和避难所空间维持一定的正压值，防止烟气进入的一种方式。机械加压送风防烟的机理包括加压形成压差和增大空气流阻两个方面：

（1）当环境内挡烟设施只有很小的缝隙时，风机在防烟分隔物的两侧造成压力差从而抑制烟气，这是控制烟气蔓延最基本的方法。

（2）当环境内的挡烟物存在较大的开口时，风机送风使迎风方向空气流阻增大，来向气体的扩散蔓延受到阻碍，通常用于被保护区域空气净化等。

在建筑物发生火灾时，对着火区以外的走廊、楼梯间等疏散通道或避难场所进行加压送风，使其保持一定的正压，以防止烟气侵入。此时着火区应处于负压，着火区开口部位必须保持如图 2-3 所示的压力分布，即开口部位不出现中性面，开口部位上缘内侧压力的最大值不能超过外侧加压疏散通道的压力。

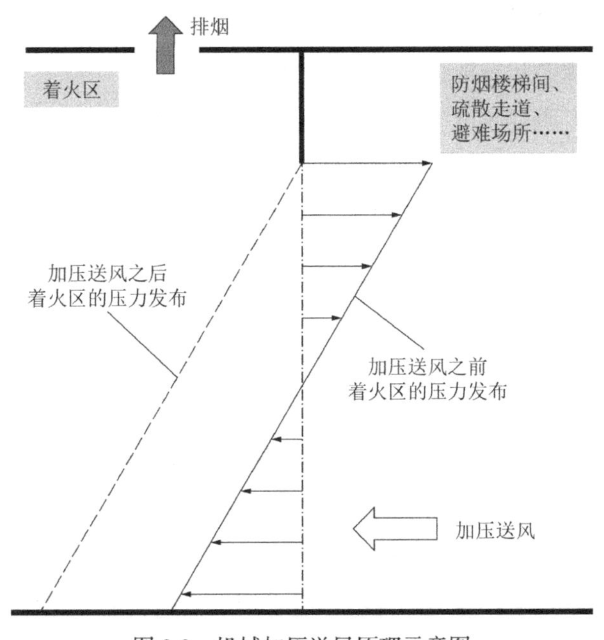

图 2-3　机械加压送风原理示意图

2. 自然通风防烟

自然通风是以热压和风压作用，不消耗机械动力的通风方式实现，主要通过可开启外窗来实现。

防烟原理主要基于建筑物内外空气的温度差异和窗户开口的高度差，当室内外存在温度差时，即会产生热压作用下的自然通风。室外气流遇到建筑物时，会产生绕流流动，在气流的冲击下，建筑物的迎风面会形成正压区，而屋顶上部和背风面则会形成负压区。这种由于建筑物表面空气静压变化产生的风压，即会促使外围护结构上的窗户孔产生自然通风。由于风压的大小会受到室外风向和风速变化的影响，因此自然通风防烟容易受到外部环境的影响。

（二）排烟系统

排烟系统指采用机械排烟方式或自然排烟方式，将烟气排至建筑物外的系统。

1. 机械排烟

机械排烟是利用电能产生的机械动力，迫使室内的烟气和热量及时排出室外的一种方式。机械排烟能有效保证疏散通道的安全，使烟气不向其他区域扩散，但在火灾猛烈发展阶段，高温引起的膨胀效应会使排烟效率降低。

为有效地排除烟气，通常要求负压排烟口浸没在烟气层之中。当排烟口下方存在够厚的烟气层或排烟口处的速度较小时，烟气能够顺利排出。但当排烟口下方无法聚积起较厚的烟气层或排烟口处的排烟速率较大时，在排烟时就有可能发生烟气层的吸穿现象。此时，有一部分空气被直接吸入排烟口中，导致机械排烟效率下降，此外由于风机对烟气与空气交界面处的扰动更为直接，可能导致较多的空气被卷吸进入烟气层内，增大了烟气的体积。

2. 自然排烟

自然排烟是指在自然力的作用下，利用火灾产生的热烟气流的浮力和外部风力作用，通过建筑物房间或走廊的开口把烟气排至室外的排烟方式。

自然排烟方式的实质是通过室内外空气对流进行排烟。在自然排烟中，必须有冷空气的进口和热烟气的排出口。一般采用可开启外窗以及专门设置的排烟口进行自然排烟，该方法经济、简单、易操作，且无须使用动力及专用设备。自然排烟系统无复杂的控制方法及控制过程，因此，对于满足自然排烟条件的建筑，应首先考虑采取自然排烟方式。

三、建筑灭火设备

（一）消防给水系统

消防给水系统是指设置在建筑内部或外部的消防给水设施，主要由消防水源、消防水泵及泵房、消防给水管网、消防水泵接合器、消防水箱（池）以及其他消防给水设备组成，按照水压的高低，其可分为高压消防给水系统、临时高压消防给水系统和低压消防给水系统：

（1）高压消防给水系统：能始终保持满足水灭火设施所需的工作压力和流量，火灾时无需消防水泵直接加压的供水系统。

（2）临时高压消防给水系统：平时不能满足水灭火设施所需的工作压力和流量，火灾时能自动启动消防水泵以满足水灭火设施所需的工作压力和流量的供水系统。

（3）低压消防给水系统：能满足车载或手抬移动消防水泵等取水所需的工作压力和流量的供水系统。

（二）消火栓系统

消火栓系统一般由室外消火栓和室内消火栓组成。

1. 室外消火栓

室外消火栓是设置在建筑物外部消防给水管网上的供水设施，一般均采用湿式消火栓系统，可供消防车取水实施灭火，也可以直接连接水带、水枪出水灭火。其包括由市政给水管网供水的市政消火栓和由建筑室外消防给水管网供水的室外消火栓。

室外消火栓可分为地上式消火栓、地下式消火栓以及新型的室外直埋伸缩式消火栓：地上式消火栓在地上接水，操作方便，但易被碰撞，易受冻；地下式消火栓防冻效果好，但需要建造较大的地下井室，且使用时需下井连接器材；室外直埋伸缩式消火栓综合地上式与地下式的优点，平时消火栓压回地面以下，使用时升出地面工作，操作方便，防冻效果好且可以避免日常碰撞。

2. 室内消火栓

室内消火栓是由建筑给水管网供水，设置在建筑内部的固定消防设施，通常安装在消火栓箱内，与消防水带和水枪等器材配套使用，可以用于建筑内初期火灾的控制与扑救，也可为消防救援队伍进入火场救援提供供水支持。

室内消火栓箱可根据建筑要求明装或嵌墙暗装，通常设置在走道、防烟楼梯前室、消防电梯前室等明显且易于取用的地点。当设在楼梯附近时，不应妨碍人员疏散。设有室内消火栓灭火系统的建筑物，除无可燃物的设备层以外，其他各层均应设置消火栓。

（三）自动喷水灭火系统

自动喷水灭火系统是一种在发生火灾时，能自动打开喷头喷水灭火并同时发出火警信号的消防灭火设施，通常由洒水喷头、报警阀组、水流报警装置（水流指示器或压力开关）以及管道、供水设施等组成。依照采用的喷头形式，其可以分为闭式系统和开式系统。

1. 闭式系统

闭式系统采用闭式洒水喷头，包括湿式、干式、预作用及重复启闭预作用系统等基本类型。

（1）湿式系统由湿式报警阀组、闭式喷头、水流指示器、控制阀门、末端试水装置、管道和供水设施等组成。系统的管道内充满有压水，一旦发生火灾，喷头动作后立即喷水。其工作原理是在火灾发生的初期，建筑物的温度不断上升，当温度上升到可使闭式喷头温感元件爆破或熔化脱落时，喷头即自动喷水灭火。湿式系统结构简单，使用方便可靠，灭火速度快，控火效率高，适用范围广，占整个自动喷水灭火系统的75%以上。

（2）干式系统是在准工作状态时，配水管道内充满用于启动系统的有压气体的闭式系统。发生火灾时喷头开启后管道先开始排气充水，此时通向水力警铃和压力开关的通道被打开，水力警铃发出声响警报，压力开关动作并输出启泵信号，启动系统供水泵，完成排气后喷头开始喷水灭火。然而，由于增加了充气设备，且要求管网内的气压要经常保持在一定范围内，干式系统的管理比较复杂，成本相对较大，灭火速度低于湿式系统，适用于一些无法使用湿式系统的场所，如寒冷和高温场所。

（3）预作用系统指在准工作状态时配水管道内不充水，由火灾自动报警系统自动开启雨淋报警阀后，转换为湿式系统的闭式系统。其适用于系统处于准工作状态时严禁管道漏水、严禁系统误喷和替代干式系统的场所。

（4）重复启闭预作用系统，是一种可在扑灭火灾后自动关阀，复燃时再次开阀喷水的预作用系统，适用于灭火后必须及时停止喷水的场所。

2. 开式系统

采用开式洒水喷头的自动喷水灭火系统，包括雨淋系统和水幕系统。雨淋系统由火灾自动报警系统或传动管控制，自动开启雨淋报警阀和启动供水泵后，向开式洒水喷头供水的自动喷水灭火系统。水幕系统由开式洒水喷头或水幕喷头、雨淋报警阀组或感温雨淋阀，以及水流报警装置（水流指示器或压力开关）等组成，通常用于挡烟阻火和冷却分隔物。

（四）泡沫灭火系统

泡沫灭火系统是一种以泡沫液作为灭火介质的灭火系统。泡沫液由发泡剂、稳泡剂、耐液添加剂、助溶剂、抗冻剂及其他添加剂组成，按其类型分为普通型泡沫灭火剂和多用途型泡沫灭火剂。普通型泡沫灭火剂主要适用于扑救非水溶性甲、乙、丙类液体燃料火灾和A类火灾，多用途型泡沫灭火剂除具有普通型泡沫灭火剂的应用场景外，还可用于扑救水溶性甲、乙、丙类液体燃料（醇、酯、醛、酮等）火灾。

按照系统的应用场景及发泡倍数，泡沫灭火系统还可分为储罐区低倍泡沫系统、泡沫喷淋系统、泡沫—水喷淋系统、泡沫炮系统、中倍泡沫系统和高倍泡沫系统。

（五）水喷雾灭火系统

水喷雾灭火系统是利用水雾喷头改变水的物理状态，在一定水压下使水从连续的洒水状态变成不连续的细小水雾进行灭火和防护冷却的一种固定式灭火系统。该系统由供水装置、供水管道、雨淋报警阀（或电动控制阀、气动控制阀）、过滤器和水雾喷头等组成。

水喷雾灭火系统的特点是具有良好的表面冷却、窒息、乳化、稀释等灭火性能以及良好的电气绝缘性能，不仅可用于扑救固体火灾、闪点高于60℃的液体火灾和电气引发的火灾，还可用于可燃气体，甲、乙、丙类液体的生产、储存装置或装卸设施的防护冷却。

（六）细水雾灭火系统

细水雾灭火系统是一种利用水作为灭火介质，通过细水雾喷头在特定的压力工作下（通常喷头压力为10MPa）将水流分解成小水滴进行灭火的灭火系统。该系统主要由供水装置、过滤装置、分区控制阀、细水雾喷头等组件和供水管道组成，能自动和人工启动并喷放细水雾进行灭火或控火。

细水雾灭火兼具冷却和窒息两种灭火效果，同时还具有安全环保、屏蔽辐射热、水渍损失小、电绝缘性好、可靠性高、系统寿命长和配制灵活等优点。适用于古建筑和图书馆、电气场所、轨道交通、公共和办公场所等多个领域，可以有效地扑救各种火灾，包括气体、液体、固体物质火灾及带电火灾。

（七）固定消防炮灭火系统

固定消防炮灭火系统是由固定消防炮和相应配置的系统组件组成的一种远距离固定灭火系统。固定消防炮灭火系统，既可与火灾自动报警系统联动实现远程控制，也可手动控制，多用于难以设置自动喷水灭火系统的高大空间场所和工业建筑的初期火灾控制和防护冷却。

按喷射介质的不同，其可分为喷射水灭火剂的水炮系统，主要由水源、消防泵组、管道、阀门、水炮、动力源和控制装置等组成；喷射泡沫灭火剂的泡沫炮系统，主要由水源、泡沫液罐、消防泵组、泡沫比例混合装置、管道、阀门、泡沫炮、动力源和控制装置等组成；喷射干粉灭火剂的干粉炮系统，主要由干粉罐、氮气瓶组、管道、阀门、干粉炮、动力源和控制装置等组成。

（八）自动跟踪定位射流灭火系统

自动跟踪定位射流灭火系统是一种新型自动灭火系统，可利用水力推动喷头布水腔体旋转喷射灭火剂灭火，通常以水为喷射介质，利用红外线、紫外线、数字图像或其他火灾探测装置对烟、温度、火焰等进行探测以实现对早期火灾的自动跟踪定位，并运用自动控制方式实施射流灭火，适用于空间高度高、容积大、火场温升较慢、难以设置闭式自动喷水灭火系统的高大空间场所。

自动跟踪定位射流灭火系统可全天候实时监测保护场所以对火灾信号进行采集和分析。当有疑似火灾发生时，探测装置捕获相关信息并对信息进行处理，如果发现火源，则对火源进行自动跟踪定位，准备定点（或定区域）射流（或喷洒）灭火，同时发出声、光警报和联动控制命令，自动启动消防水泵、开启相应的控制阀门及对应的灭火装置进行灭火。

（九）气体灭火系统

气体灭火系统是以一种或多种气体作为灭火介质，通过释放气体使整个防护区内或保护对象周围局部区域的气体浓度提升至灭火浓度达到灭火的目标。气体灭火系统一般由灭火剂储存装置、启动分配装置、输送释放装置、监控装置等组成，具有灭火效率高、灭火速度快、保护对象无污损等优点。

为满足各类保护对象的需要，最大限度地降低火灾损失，根据其充装不同种类灭火剂、采用不同增压方式，气体灭火系统具有多种应用形式。常用的气体灭火系统有二氧化碳灭火系统、七氟丙烷灭火系统、IG-541 混合气体灭火系统、热气溶胶灭火系统等。

（十）干粉灭火系统

干粉灭火系统是将干粉灭火剂通过供应装置、输送管路和固定喷嘴，或通过干粉输送软带与干粉喷枪、干粉炮相连接并往喷嘴、喷枪、喷炮喷放干粉的灭火系统，主要用于扑救易燃、可燃液体，可燃气体和电气设备的火灾。

干粉灭火系统按照储存方式的不同可分为贮气瓶型干粉灭火系统和贮压型干粉灭火系统；按照系统结构特点可分为管网干粉灭火系统、预制干粉灭火系统和干粉炮灭火系统；按照系统应用方式可分为全淹没灭火系统和局部应用系统。

（十一）灭火器

灭火器是一种用于扑救初期火灾的移动式灭火器材，通常由灭火器筒体、阀门、灭火剂、保险销、虹吸管、密封圈和压力指示器等组成。按照移动方式的不同可分为手提式灭火器和推车式灭火器；按照充装灭火剂的不同可分为水基型灭火器、干粉灭火器、二氧化碳灭火器和洁净气体灭火器等。

灭火器的配置类型应与配置场所的火灾种类和危险等级相适应，设置点的位置和数量应根据被保护对象的情况和灭火器的最大保护距离确定。灭火器不应设置在可能超出其使用温度范围的场所，并应采取与设置场所环境条件相适应的防护措施。当灭火器配置场所的火灾种类、危险等级和建（构）筑物总平面布局或平面布置等发生变化时，应校核或重新配置灭火器。

四、应急照明和疏散指示系统

应急照明和疏散指示系统是指在发生火灾时，为人员疏散和消防作业提供应急照明和疏散指示的消防系统，由应急疏散指示标志、应急照明灯具、应急照明控制器、应急照明集中电源、应急照明配电箱等组成。

应急照明和疏散指示系统按照灯具的应急供电方式和控制方式的不同，分为自带电源非集中控制型、自带电源集中控制型、集中电源非集中控制型、集中电源集中控制型四类。其类型的选择应根据建（构）筑物的规模、使用性质及日常管理和维护难易程度等因素确定。设置消防控制室的场所应选择集中控制型系统；设置火灾自动报警系统，但未设置消防控制室的场所宜选择集中控制型系统；其他场所可选择非集中控制型系统。

（一）自带电源非集中控制型系统

自带电源非集中控制型系统由应急照明配电箱和消防应急灯具组成，系统在正常工作状态时，市电通过应急照明配电箱为灯具供电，用于正常工作和蓄电池充电。发生火灾时，相关防火分区内的应急照明配电箱动作，切断消防应急灯具的市电供电线路，灯具的工作电源由灯具内部自带的蓄电池提供，灯具进入应急状态，为人员疏散和消防作业提供应急照明和疏散指示。

（二）自带电源集中控制型系统

自带电源集中控制型系统由应急照明控制器、应急照明配电箱和消防应急灯具组成。

系统正常工作状态的供电形式与自带电源非集中控制型系统一致。应急照明控制器通过实时监测消防应急灯具的工作状态，实现灯具的集中监测和管理。发生火灾时，应急照明控制器接收到消防联动信号后，下发控制命令至消防应急灯具，控制应急照明配电箱和消防应急灯具转入应急状态，为人员疏散和消防作业提供照明和疏散指示。

（三）集中电源非集中控制型系统

集中电源非集中控制型系统由应急照明集中电源、应急照明分配电装置和消防应急灯具组成。系统在正常工作状态时，市电接入应急照明集中电源，用于正常工作和电池充电，通过各防火分区设置的应急照明分配电装置将应急照明集中电源的输出提供给消防应急灯具。发生火灾时，应急照明集中电源的供电电源由市电切换至电池，集中电源进入应急工作状态，通过应急照明分配电装置供电的消防应急灯具也进入应急工作状态，为人员疏散和消防作业提供照明和疏散指示。

（四）集中电源集中控制型系统

集中电源集中控制型系统由应急照明控制器、应急照明集中电源、应急照明分配电装置和消防应急灯具组成。系统正常工作状态的供电形式与集中电源集中控制型系统一致。应急照明控制器通过实时监测应急照明集中电源、应急照明分配电装置和消防应急灯具的工作状态，实现系统的集中监测和管理。发生火灾时，应急照明控制器接收到消防联动信号后，下发控制命令至应急照明集中电源、应急照明分配电装置和消防应急灯具，控制系统转入应急状态，为人员疏散和消防作业提供照明和疏散指示。

第四节　消防安全管理

火灾发展的初期阶段，若能及时控制初起火势，火灾造成的损失就能被控制在极小的范围内。然而，现实中往往存在消防设备失效、堵塞疏散通道等情况，这些因素可能导致初期火灾处置不当，进而诱发了火势的蔓延扩大，造成严重的人员伤亡和财产损失。

鉴于此，必须完善消防安全管理制度，健全消防安全管理体系，加强消防安全管理，积极采取防范措施，降低火灾风险。智慧消防技术的发展与应用，使得重塑以人为主、以纸笔为主的消防安全管理流程成为可能，可实现对火灾风险的智能化识别、预警与高效应对，从而全面提升消防安全保障能力。

一、消防安全管理概述

消防安全管理是指依照消防法规及规章制度，遵循火灾发生发展的规律及国民经济发展的规律，运用管理科学的原理和方法，通过各种消防管理职能，合理有效地利用各种管理资源，为实现消防安全目标所进行的各种活动的总和。

（一）性质

消防安全管理具有自然属性和社会属性：

（1）自然属性表现为消防安全管理活动是人类同火灾这种自然灾害做斗争的性质，其本质在于人类如何利用科学技术去战胜火灾。在消防安全管理工作中，主要依据国家的消防技术规范和标准来限制建筑物、机械设备、物质材料等自然物的状态并调整它们之间的关系。

（2）社会属性表现为消防安全管理活动是一种管理社会的性质，即主要是维护统治阶级的利益，依据法律调整人们的行为，保障社会公共安全。在消防安全管理工作中，主要是利用国家的法律、法规、规章来调整人们的行为及人与自然物之间的关系。

（二）特征

消防安全管理呈现出全方位性、全天候性、全过程性、全员性、强制性的特征：

（1）全方位性：从消防安全管理的空间范围上看，消防安全管理工作具有全方位的特征。生产和生活中，可燃物、助燃物和着火源无处不在，凡是涉及用火、容易形成燃烧条件的场所，都是容易造成火灾的场所，也是消防安全管理工作应覆盖的场所。

（2）全天候性：从消防安全管理的时间范围上看，消防安全管理工作具有全天候性的特征。人们用火的无时限性，形成燃烧条件的偶然性，决定了火灾发生的偶然随机性，表明消防安全管理工作在每一年的任何一个季节、月份、日期以及每一天的任何时刻都不应放松警惕。

（3）全过程性：从某一个系统的诞生、运转、维护、消亡的生存发展进程上看，消防安全管理工作具有全过程性的特征。如某一个厂房的生产系统，从计划、设计、制造、储存、运输、安装、使用、保养、维修直至报废消亡的整个过程中，都应该实施有效的消防安全管理。

（4）全员性：从消防安全管理的人员对象上看，消防安全管理的人员对象是不分年龄、性别、职业的，具有全员性的特征。

（5）强制性：从消防安全管理的手段上看，消防安全管理活动具有强制性的特征。由于火灾的破坏性很大，因此必须依靠法律法规和技术规范对可能引发火灾的行为进行严格管控，以提升整体的消防安全水平。

二、消防安全管理制度

依据2021年新修正的《中华人民共和国消防法》（以下简称《消防法》），消防安全管理工作实行消防安全责任制。消防安全责任制是单位消防安全管理制度中最根本的制度，明确单位消防安全责任人，消防安全管理人及全体人员应履行的消防安全职责，明确逐级和岗位消防安全职责，确定各级、各岗位的消防安全责任人，层层签订责任书，层层落实消防安全责任，是消防安全责任制的核心。依据《机关团体、企业、事业单位消防安全管理规定》的规定，消防安全制度尚应包括：

（一）消防安全教育、培训制度

规定消防安全教育、培训责任部门及责任人，消防安全教育的对象（包括特殊工种及新员工）及培训形式、培训内容及培训要求，教育、培训组织程序，教育、培训的频次、考核办法，教育、培训记录管理等要点。

（二）防火巡查、检查制度

规定防火巡查、检查责任部门及责任人，防火巡查、检查的时间及频次和方法，防火巡查、检查的内容，隐患上报和处理程序及防范措施，防火巡查、检查记录管理等要点。

（三）消防安全疏散设施管理制度

规定消防安全疏散设施管理责任部门、责任人和日常管理方法，隐患整改程序及惩戒措施，安全疏散部位、设施检测和管理要求，情况记录等要点。

（四）消防设施器材维护管理制度

规定消防设施器材维护保养的责任部门、责任人和管理方法，消防设施维护保养和维修检查的要求，每日检查、月（季）度试验检查和年度检查内容和方法，检查记录管理，建筑消防设施定期维护保养报告备案方式等要点。

（五）消防（控制室）值班制度

规定消防控制室责任部门、责任人以及操作人员的职责，值班操作人员岗位资格，消防控制设备操作规程、值班制度、突发事件处置程序、报告程序、工作交接等要点。

（六）火灾隐患整改制度

规定火灾隐患整改责任部门、责任人，火灾隐患确定方法，火灾隐患整改期间的安全防范措施，火灾隐患整改的期限、程序，火灾隐患整改合格的标准，火灾隐患整改经费保障等要点。

（七）用火、用电安全管理制度

规定安全用电用火管理责任部门、责任人，用火、用电定期检查要求，用火、用电的审批范围、程序和要求，操作人员的岗位资格及其职责要求，违规惩处措施等要点。

（八）灭火和应急疏散预案演练制度

规定单位灭火和应急疏散预案的编制和演练的责任部门和责任人，预案制定、修改、审批程序，演练范围、演练频次、演练程序、注意事项、演练情况记录、演练后的总结和自评、预案修订等要点。

（九）易燃易爆危险物品和场所防火防爆管理制度

规定易燃易爆危险物品和场所防火防爆管理责任部门和责任人，危险物品贮存方法与数量，危险物品和场所防火措施和灭火方法，危险物品入库登记、使用与出库审批登记记录管理，特殊环境安全防范措施等要点。

（十）专职（志愿）消防队的组织管理制度

规定明确专职（志愿）消防队的人员组成，专职（志愿）消防队员调整、归口管理方式，专职（志愿）消防队员培训内容、频次、实施方法和要求，专职（志愿）消防队员组织演练考核方法与奖惩措施等要点。

（十一）燃气和电气设备的检查和管理（包括防雷、防静电）制度

规定燃气和电气设备的检查和管理的责任部门和责任人，消防安全工作考评和奖惩内

容及频次，电气设备检查、燃气管理检查的内容、方法、频次，检查与整改记录管理等要点。

（十二）消防安全工作考评和奖惩制度

规定明确消防安全工作考评和奖惩实施的责任部门和责任人，考评目标、频次、考评内容（执行规章制度和操作规程的情况、履行岗位职责的情况等），考评方法、奖励和惩戒的具体行为等要点。

（十三）其他必要的消防安全内容及制度

根据场所特点应明确与消防安全管理有关的内容及制度，例如危险化学品储存、使用场所的危险化学品应急救援预案，高层医疗建筑的应急救援疏散预案等。

三、消防安全管理架构

依据《消防法》的规定，消防安全管理遵循政府统一领导、部门依法监管、单位全面负责、公民积极参与的原则。

（一）政府

消防安全管理是政府社会管理和公共服务的重要内容，是社会稳定经济发展的重要保证。各级地方人民应当将当地的消防工作纳入国民经济和社会发展计划，保障消防工作与经济建设和社会发展相适应；根据经济社会发展的需要，建立多种形式的消防组织和培养消防技术人才；针对本行政区域内的火灾特点组织有关部门制定应急预案，建立应急反应和处置机制，为火灾扑救和应急救援工作提供人员、装备等保障；对本级人民政府有关部门履行消防安全职责的情况进行监督检查。

（二）部门

政府有关部门对消防工作齐抓共管，这是由消防工作的社会化属性决定的。具体内容如下：

（1）应急管理部门和消防救援机构负责对消防工作实施监督管理，指导、督促机关、团体、企业、事业等单位履行消防工作职责；开展消防监督检查，组织针对性消防安全专项治理，依法查处消防安全违法行为；组织和指挥火灾扑救，承担或参加火灾事故的应急救援工作；组织或参与火灾事故调查处理工作；组织开展消防法律、法规宣传和应急疏散演练，督促、指导、协助有关单位进行消防宣传教育工作。

（2）住房和城乡建设部门负责建设工程的消防设计审核、验收、备案抽查；负责依法督促建设工程责任单位加强对房屋建筑和市政基础设施工程建设的安全管理，负责组织制定工程建设规范以及推广新技术、新材料、新工艺过程中对于消防安全性能及要求的考量。

（3）教育部门、民政部门、交通和运输部门、文化和旅游部门、卫健部门等行业主管部门负责所辖行业的消防安全管理工作，依法督促相关单位落实消防安全责任制，指导相关单位开展日常消防工作。

（三）单位

单位是社会的基本单元，也是社会消防安全管理的基本单元。单位对消防安全和致灾因素的管理能力，反映了社会公共消防安全管理水平，也在很大程度上决定了一个城市、一个地区的消防安全形势，各类社会单位是本单位消防安全管理工作的具体执行者，必须建立完善的消防安全管理组织，落实消防安全管理职责（图 2-4）。

（1）明确各级、各岗位消防安全责任人及其职责，制定本单位的消防安全制度、消防安全操作规程、灭火和应急疏散预案。定期组织开展灭火和应急疏散演练，进行消防工作检查考核，保证各项规章制度落实。

（2）保证防火检查巡查、消防设施器材维护保养、建筑消防设施检测、火灾隐患整改、专职（志愿）消防队和微型消防站建设等消防工作所需资金的投入。生产经营单位安全费用应当保证适当比例用于消防工作。

（3）按照相关标准配备消防设施、器材，设置消防安全标识，定期检验维修，对建筑消防设施每年至少进行 1 次全面检测，确保完好有效。设有消防控制室的，实行 24h 值班制度，每班不少于 2 人，并持证上岗。

（4）保障疏散通道、安全出口、消防车通道畅通，保证防火防烟分区、防火间距符合消防技术标准。人员密集场所的门窗不得设置影响逃生和灭火救援的障碍物。保证建筑构件、建筑材料和室内装修装饰材料等符合消防技术标准。

（5）定期开展防火检查、巡查，及时消除火灾隐患。

（6）根据需要建立专职或者志愿消防队、微型消防站，加强队伍建设，定期组织训练演练，加强消防装备配备和灭火药剂储备，建立与消防专业队伍联勤联动机制，提高扑救初期火灾能力。

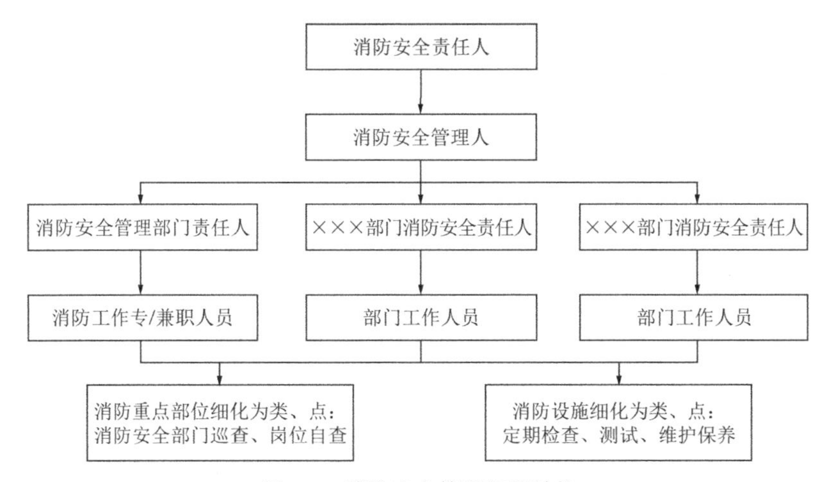

图 2-4 消防安全管理组织结构

（四）公民

公民个人是消防工作的基础，也是各项消防安全管理工作的重要参与者和监督者，没有广大人民群众的参与，消防工作就很难发展进步，全社会抗御火灾的能力就很难提高。公民在日常的社会生活中，享受消防安全权利的同时也必须履行相应的消防义务：

（1）维护消防安全、保护消防设施。任何人都不得损坏、挪用或者擅自拆除、停用消防设施、器材，不得埋压、圈占、遮挡消火栓或者占用防火间距，不得占用、堵塞、封闭疏散通道、安全出口、消防车通道。

（2）任何人发现火灾都应当立即报警，不得谎报火警，应积极参加有组织的灭火工作；火灾扑灭后不应擅自离开现场，应接受事故调查并如实提供与火灾有关的情况。

四、消防安全管理技术及方法

消防安全管理的技术与方法是指消防安全管理主体对管理对象施加作用的基本方法或者是消防安全管理主体行使消防安全管理职能的技术手段。

（一）消防安全管理基本方法

消防安全管理基本方法主要包括行政方法、法律方法、咨询顾问方法、行为激励方法、经济奖励方法、宣传教育方法、舆论监督方法等。

（1）行政方法与法律方法相辅相成，法律方法是行政方法的基础，行政方法是法律方法的实现途径。行政方法依靠行政机构职权，通过强制性的行政命令，直接对管理对象产生影响。法律方法是以国家制定的法律法规等所规定的强制性手段来处理、调解、制裁一切违反消防安全行为的管理方法。行政机构通过法律文件，可以强制性地要求单位和个人遵守消防安全规定，以减少火灾事故的发生。

（2）咨询顾问方法是指借助专业的消防咨询服务机构或行业专家，对消防安全管理工作提供咨询、建议和指导的方法。通过咨询顾问，可以获取专业的消防安全知识、经验以及针对性的解决方案，提高消防安全管理的科学性和有效性。

（3）行为激励方法和经济奖励方法通常与宣传教育方法结合使用，通过设置奖惩机制，激励人们自觉遵守消防安全规定，积极参与消防安全管理和培训，提高消防安全意识和技能水平。

（4）舆论监督方法指通过社会舆论力量对消防安全管理工作进行监督和评价。舆论监督具有公开性和透明性，可以及时发现和纠正消防安全管理工作中存在的问题和不足，推动消防安全管理工作的不断改进和提高。

（二）消防教育培训

消防安全管理的核心是“人”，各类管理方法的应用也依赖于“人”，因此消防安全管理工作重点之一就是要提高公众消防安全意识，消防教育培训就是实现这一目标的主要途径，消防教育培训的内容应当包括：

（1）法律法规宣传：详细介绍消防法律法规的主要内容和要求，包括消防安全责任、消防设施建设与维护、火灾预防与扑救等方面；强调违反消防法律法规可能导致的法律后果，如罚款、拘留甚至刑事责任，以提高参训人员的法律意识和责任意识。

（2）消防管理制度培训：明确各级人员在消防安全工作中的职责和义务，落实防火责任制；讲解消防设施的日常检查、维护和保养要求，确保设施的正常运行；介绍定期进行消防安全巡查的要点和方法，及时发现并整改消防隐患。

（3）消防基础知识介绍：分析火灾的常见原因和不同类型火灾的特点，如电气火灾、油类火灾等；传授日常生活和工作中预防火灾的具体措施，如合理用电、严禁烟火等；讲解火灾蔓延的方式和速度，以及如何采取措施控制火势蔓延。

（4）消防基础技能培训：介绍不同类型灭火器的正确使用方法和注意事项，如干粉灭火器、二氧化碳灭火器等；培训如何正确拨打火灾报警电话，以及组织人员疏散的程序和要点；介绍在火灾初期避免火势扩大应采取的控制措施。

（5）火灾隐患识别方法介绍：介绍常见的消防隐患及其危害，如电线老化、疏散通道堵塞等；教导如何进行消防隐患的自查自纠，及时发现并消除潜在的火灾风险；介绍火灾风险评估的方法和工具，帮助评估场所的火灾风险等级。

（6）应急逃生技能培训：指导合理规划逃生路线，确保在紧急情况下能够快速疏散；传授在火灾中如何进行自我保护和救助他人的方法，提高生存能力；强调疏散过程中的注意事项，如低姿弯腰、用湿毛巾捂住口鼻等。

（7）火灾应急处置知识培训：讲解制定和实施火灾应急预案的重要性，以及预案的主要内容和流程；培训火灾现场的指挥原则和方法，确保应急救援工作的有序进行；介绍火灾事故后的调查处理程序和方法，总结经验教训，防止类似事故再次发生。

（三）火灾风险评估技术

火灾风险评估技术是检验消防安全管理实施效果的重要技术手段，也是帮助管理者合理制定消防安全策略的科学依据。火灾风险评估技术通常对被保护对象可能面临的危险、被保护对象的脆弱性、控制措施的有效性、后果严重度以及上述各因素综合作用下的消防安全状况进行评估，一般包括建筑火灾风险评估和区域火灾风险评估。

建筑火灾风险评估是指运用火灾安全工程学的原理和方法，根据建筑物的结构、用途、内部可燃物等方面的具体情况，对建筑的火灾危险性和危害性进行定量预测和评估，从而为建筑物提供合理的防火设计方案和可靠的消防保护。区域火灾风险评估是指运用火灾安全工程学的原理和方法，对特定区域的火灾危险性和危害性进行定量预测和评估。

1. 火灾危险源及其辨识

火灾危险源是指可能导致火灾发生或火灾危害增大的各类潜在不安全因素。根据危险源分类方法，火灾的第一类危险源包括可燃物、火灾烟气及燃烧产生的有毒、有害气体成分；第二类危险源是人们为了防止火灾发生、减小火灾损失所采取的消防措施中的隐患。

第一类危险源的辨识的关键是对可燃物中的燃爆危险物进行辨识。凡是能够引起火灾及爆炸危险的物质称为燃爆危险物。燃爆危险物可分为以下九种：可燃性气体（蒸汽）、易燃和可燃液体、可燃固体、可燃性粉尘、自燃性物质、忌水性物质、氧化剂、爆炸品和混合危险性物质。

第二类火灾危险源是导致可燃物意外释放能量的各种因素，它包括人、物、环境三方面的问题。人的问题主要包括人的不安全行为和人失误；物的问题可概括为物的不安全状态和物的故障（或失效）；环境的问题主要指系统运行的环境，包括温度、湿度、照明、粉尘、通风换气、噪声、振动等物理环境以及企业的软环境等。针对第二类火灾危险源的判定，可参考《重大火灾隐患判定方法》GB 35181—2017 中对各类火灾隐患的判定。

2. 火灾风险评估方法

火灾的双重性规律决定了科学的火灾风险评估方法应该考虑确定性规律和不确定性规律，这就决定了火灾风险评估应建立评估危险源的指标体系和量化方法，并利用模糊数学和信息扩散理论等建立基于不完备样本的风险评估统计模型。按照方法的结构，可分为有经验系统化分析、系统解剖分析、逻辑推导分析、人失误分析等类型；按照评估结果的形式，可分为定性、半定量、定量的火灾风险评估方法。

1）定性火灾风险评估方法

定性的分析方法具有操作简易且结果直观的特点，但对于不同种类对象的评估结果无法比较，因此难以给出火灾危险等级，且主观经验成分偏多，对风险的描述深度不够，无法量化表达，局限性较强，其包括安全检查表法、预先危险性分析法等。

2）半定量火灾风险评估方法

半定量方法用于评估确定可能发生的火灾的相对危险性，评估火灾发生的频率和后果，根据评估结果制定不同的预防控制方案，即引入量的概念将定性与定量结合，以风险分级系统为基础通过对指标参数的分析及赋值，并结合数学方法来确定评估对象的危险等级，具有较高的实用性，然而仍无法很具体地反映出实际情况。其包括层次分析法、NFPA101M 火灾安全评估系统、FRAME 方法、火灾风险指数法、实验评估法等。

3）定量火灾风险评估方法

定量评估的方法精度高，但过程复杂，需要充足的数据、完整的分析过程、合理的判断和假设，需要较多的人力、财力和时间，随着计算机等辅助设备的大量应用以及人们对评估精确度要求的提升，进行定量的火灾风险评估是必然的趋势。常用的定量评估方法包括风险矩阵法、模糊综合评价法、事故树分析法以及计算机模拟法等。

由于上述几类方法均存在一些缺陷，为更加科学地评估火灾风险，依据定量、半定量、定量三类方法的优点，综合利用多种评估方法结合的方式开展火灾风险评估，成为当前风险评估方法的主要发展趋势。目前，常见的有事故树—安全检查表法、层次分析法—模糊综合评价法、神经网络学—层次分析法等。

（四）人员疏散安全性评估技术

火灾的随机性和必然性表明了难以彻底阻止其发生。因此，在进行火灾风险评估的同时也应关注突发火灾事件下人员疏散的安全性。在对人员疏散过程中的生命安全进行评估判定时，一般应用量化的“时间线”，主要涉及两个时间的比较：

1. 人员可用疏散时间 ASET

人员可用疏散时间 ASET 是指从火灾发生到发展至超出人体承受极限，以致威胁人员安全疏散时的时间间隔。它主要取决于与火灾蔓延以及烟气流动密切相关的建筑结构及其材料的耐火性能、控火灭火设备及防烟排烟设备的有效性等因素。

2. 人员必需疏散时间 RSET

人员必需疏散时间 RSET 是指人员从火灾发生到疏散至安全区域所需要的时间间隔。RSET 包括火灾探测报警时间（$t_{det}+t_{warn}$）、预动作时间（t_{pre}）和人员疏散运动时间（t_{trav}）。

$$RSET=(t_{det}+t_{warn})+t_{pre}+t_{trav} \tag{2-1}$$

式中：$t_{det}+t_{warn}$为探测报警时间（s），指火灾发生、发展将触发火灾探测和报警装置而发出报警信号，使人们意识到有异常情况发生，或者人员通过本身的味觉、嗅觉及视觉系统察觉到火灾征兆的时间；t_{pre}为预动作时间（s），指从探测器动作或报警至人员开始疏散行动的时间，包括对火灾报警信息的识别确认时间和疏散前准备时间；t_{trav}为疏散运动时间（s），即从疏散开始至疏散到安全地点的时间，疏散运动时间预测是以建筑中人员在疏散过程中有序进行、不发生恐慌为前提的。

3. 安全裕量

在实际疏散过程中，还存在一些不利于人员疏散的不确定因素，如人员对建筑物的熟悉程度、人员的警惕性和觉悟能力，人体的行为活动能力和消防安全疏散指示设施情况等。此外，模拟软件在计算时一般会较快地寻找疏散出口，使得模拟结果与实际疏散时间存在一定误差。因此，采用模拟软件计算疏散运动时间时需考虑一定的安全裕量t_{marg}。RSET 的计算公式可表达为：

$$RSET=(t_{det}+t_{warn})+t_{pre}+1.5\times t_{trav} \tag{2-2}$$

4. 人员疏散安全性的判定

一个安全且可接受的消防系统必须符合$RSET<ASET$，当实际情况满足上述公式时，即表明在设定的火灾场景下，建筑内人员能在火灾影响到生命安全之前全部疏散到安全区域。反之，说明建筑现有的消防设计方案不能满足人员安全疏散的要求，需要调整消防设计方案。图 2-5 描述了以上时间的顺序及原则。

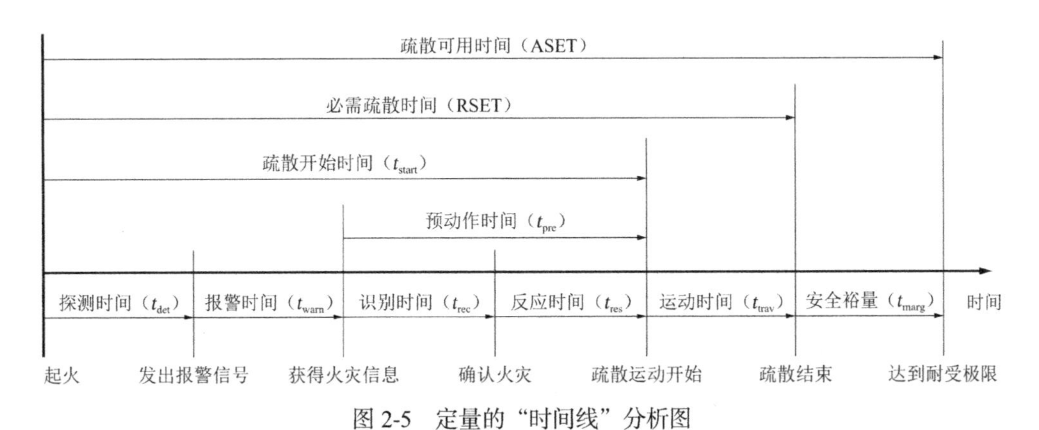

图 2-5　定量的“时间线”分析图

5. 人员疏散安全判据指标

火灾对人员的危害主要来源于火灾产生的烟气，表现为烟气的热作用和毒性，同时烟气导致的能见度下降也严重影响人员的安全疏散。因此在分析火灾对疏散的影响时，一般从烟气层高度、温度、毒性气体的浓度、能见度等方面进行讨论。根据《中国消防手册（第三卷）》，人员疏散安全的性能指标如表 2-7 所示，人员安全疏散评估中，通过对现有消防系统的综合评价来判断设计方案是否满足上述性能指标，如果不满足上述指标，则需要对设计方案进行调整，直到满足要求。

人员疏散安全判据指标 **表 2-7**

项目	人体可耐受的极限
烟层高度	烟气温度高于 200°C，烟层临界高度一般为 2.0m
热辐射	对使用者是 $2.5kW/m^2$，对消防员是 $10kW/m^2$
能见度	当热烟层降到 2m 下时，对于大空间其能见度临界指标为 10m，小空间为 5m
使用者在烟气中疏散的温度	2m 以上空间内的烟气平均温度不大于 180°C；当热烟层降到 2.0m 下时，持续 30min 的临界温度为 60°C，持续 15min 的临界温度为 80°C
烟气的毒性	一般认为在可接受的能见度的范围内，毒性都很低，不会对人员疏散造成影响（一般 CO 判定指标为 2500ppm）

参考文献

[1] 范维澄. 火灾学简明教程[M]. 北京：中国科学技术大学出版社, 1995.

[2] 詹姆士 G. 昆棣瑞. 火灾学基础[M]. 北京：化学工业出版社, 2010.

[3] 刘宏，窦国兰，李庆钊，等. 燃烧学[M]. 北京：中国矿业大学出版社, 2021.

[4] 张洪杰. 建筑火灾安全工程[M]. 北京：中国矿业大学出版社, 2019.

[5] 中华人民共和国住房和城乡建设部. 建筑设计防火规范 (2018 年版): GB 50016—2014[S]. 北京：中国建筑工业出版社, 2014.

[6] 中华人民共和国住房和城乡建设部. 建筑防火通用规范: GB 55037—2022[S]. 北京：中国建筑工业出版社, 2022.

[7] 中华人民共和国住房和城乡建设部. 建筑防烟排烟系统技术标准: GB 51251—2017[S]. 京：中国建筑工业出版社, 2017.

[8] 中华人民共和国国家质量监督检验检疫总局，中国国家标准化管理委员会. 建筑材料及制品燃烧性能分级: GB 8624—2012[S]. 北京：中国标准出版社, 2012.

[9] 中华人民共和国国家质量监督检验检疫总局，中国国家标准化管理委员会. 重大火灾隐患判定方法: GB 35181—2017[S]. 北京：中国标准出版社, 2017.

[10] 余明高，郑立刚. 火灾风险评估[M]. 北京：机械工业出版社, 2013.

[11] 郭海涛. 消防安全管理技术[M]. 北京：化学工业出版社, 2016.

[12] 全国人民代表大会常务委员会. 中华人民共和国消防法[L]. 2021-4-29.

[13] 郭铁男. 中国消防手册 第三卷 消防规划•公共消防设施•建筑防火设计[M]. 上海：上海科学技术出版社, 2006.

第三章

信息化基础技术

第一节　地理信息系统

地理信息系统（Geographic Information System，GIS）又称为“地学信息系统”，是在计算机软硬件系统支持下，对整个或部分地球表层（包括大气层）空间中的有关地理分布数据进行采集、储存、管理、运算、分析、显示和描述的技术系统，广泛应用于各类信息管理系统的空间信息可视化表达和分析。在消防领域，地理信息系统可为城市消防规划、区域火灾风险评估、消防应急救援等的信息化建设等提供技术支撑。

一、技术概述

（一）组成与特征

1. 地理信息系统的组成

地理信息系统由计算机系统、地理数据库系统、应用人员与组织机构三部分组成：

（1）计算机系统分为硬件系统和软件系统。地理信息系统的硬件系统包括执行程序的中央处理器，保存数据和程序的存储设备，用于数据输入、显示和输出的外围设备等。地理信息系统的软件系统由核心软件和应用软件组成，其中核心软件包括数据处理、管理、地图显示和空间分析等部分，应用软件则是负责具体在某一场景下的数据分析与应用。

（2）地理数据库系统是对观测数据、分析测定数据、遥感数据和统计调查数据等各类地理数据进行统一处理、存储、维护和管理的系统。

（3）应用人员与组织机构是地理信息系统具体的操作执行者，包括系统的开发管理者和用户。

2. 地理信息系统的特征

（1）空间性：GIS 的核心特征是其所具备的空间分析能力。空间分析是从空间物体的空间位置、联系等方面研究空间事物，以及对空间事物做出定量的描述。空间分析需要复杂的数学工具，其中最主要的是空间统计学、图论、拓扑学、计算几何等，其主要任务是对空间构成进行描述和分析，以达到获取、描述和认知空间数据，理解和解释地理图案背景过程，模拟和预测空间过程，调控地理空间上发生事件等目的。

（2）集成性：GIS 能够集成多种来源、多种类型的数据，包括图形、图像、文字、表格等，将它们关联起来形成一个统一的地理数据库。这些数据可以是来自不同时间和尺度的遥感影像、地形图、统计数据、GPS 测量数据、社会经济指标等，它们均可通过 GIS 平台实现多源数据的无缝融合与综合分析。

（3）动态性与实时性：GIS 具备处理动态数据的能力，能够实时或近实时地接收、更新和分析数据。随着物联网（IoT）、移动互联网、无人机、卫星遥感等技术的发展，GIS 可以实时监测和反映地理环境的变化，如自然灾害、交通状况、环境质量等，并支持即时决策响应。

（4）可视化：GIS 通过地图和其他图形化手段，将抽象的数据转化为直观易懂的视觉表现。用户可以创建、编辑和输出各种专题地图、三维景观模型、动态地图服务等，以支持数据探索、模式识别、趋势分析以及信息传播与交流。

（5）决策支持：GIS 不仅是数据管理和分析工具，还可将复杂的地理信息转化为可用于决策的情报，通过模拟、预测和优化等手段辅助政策制定、资源分配、应急响应、城市规划等领域的决策过程。

（二）主要技术

地理信息系统相关技术主要包括数据采集与预处理、数据输入、数据处理、数据分析、地图显示与输出五部分：

1. 数据采集与预处理

地理信息系统的数据来源于卫星图像、地图、传感器等多种途径，原始数据需通过清洗、转换、整理等标准化处理过程以消除错误和不一致，进而进行数据格式转换、坐标系统统一、缺失数据处理等，使其适用于系统的分析和可视化。

2. 数据输入

数据输入是将经过预处理的数据导入到 GIS 软件中的过程，主要通过手动输入、文件导入、数据库连接等方式完成。数据输入的质量和准确性对后续的分析和可视化结果有重要影响。数据的输入主要采取非地图形式，其中遥感技术数据和全球定位系统数据尤为关键。

3. 数据处理

数据处理主要指通过数据编辑、数据综合、数据变换等过程形成具有拓扑关系的空间数据库。数据分为栅格数据和矢量数据，有效地存储和管理这两类数据是地理信息系统技术的基本问题。通常多采用分层技术，即根据地图的某些特征把它们分成若干图层分别存储，把选定的图层叠加在一起形成一张满足某些特殊要求的专题地图。

4. 数据分析

数据分析确定地理要素的关系，通过对地理数据进行各种复杂的空间分析以梳理数据的空间分布、关系和模式，包括空间查询、叠加分析、缓冲区分析等，可为用户提供一个解决各类专门问题的工具。数据分析包括矢量数据空间分析和栅格数据空间分析两大类：矢量数据空间分析包括空间数据查询和属性数据分析、缓冲区分析和网络分析等；栅格数据空间分析包括记录分析、叠加分析和统计分析等。

5. 地图显示与输出

地图显示与输出主要通过颜色、形状和大小等视觉元素对地理数据进行可视化处理，将数据中的模式和趋势清晰地展现出来并生成地图，包括基础的地形图、卫星图像以及叠加多种图层的复合地图。同时，也可根据应用需求生成各种统计图表，提供更全面的数据展示和分析。

二、应用现状

地理信息系统技术可以有效地管理具有空间属性的各种资源环境信息，对资源环境管理和实践模式进行快速和重复的分析测试，便于制定决策、进行科学和政策的标准评价，广泛应用于农业、林业、水利、国土及城市管理等领域的管理规划。

（一）农业领域

（1）农业资源调查与分析：建立农业资源地理数据库，实现空间数据库的浏览、检索。绘制农业资源分布图和产生正规的报表，以图形及数据的重新处理等分析工作为手段，进行各种目标的分析和重新导出新的信息，产生专题地图和进行地图数据的叠加分析等。

（2）辅助农业生产管理：基于既往数据，建立不同模型和对应决策方案，直接用于农业生产。利用 GIS 的模型功能和空间动态分析以及预测能力，与专家系统、决策支持系统及其他的现代技术相结合，为农业生产的管理和决策提供技术支撑。

（二）林业领域

（1）森林资源管理与监测：GIS 技术可帮助林业部门全面掌握森林资源信息，实现精准的资源调查和监测。通过 GIS 技术，林业部门可以清晰了解林种、树种分布以及林木体积等关键信息，从而精确评估森林资源的数量和质量，为经营和保护策略的制定提供准确的数据支持。

（2）生态管理与保护：整合不同类型的地理数据，建立森林生态系统的模型并分析其动态变化情况，辅助监测和评估，有助于监测和评估森林生态系统的健康和稳定性，更能准确识别关键的生物多样性热点区域和受威胁的物种栖息地，制定出更有针对性的保护措施，确保生态系统的完整性和多样性。

（3）林业监测与执法：GIS 技术通过整合空间数据、传感器信息和现场报告，可以帮助林业执法人员识别违规活动的热点区域，并采取相应的行动，有助于保护森林资源免受非法活动的侵害。

（三）水利领域

（1）水资源调查与管理：开展水资源的基础调查，包括地下水和地表水的分布、储量、质量等信息的收集与整理。在此基础上进行空间分析和模拟，对水资源进行评估，确定水资源的可利用性、潜力和可持续性，制定合理的水资源规划方案，为水资源的合理开发和利用提供依据。

（2）水质监测与评价：通过整合水质监测数据，对水体质量进行空间分析，评估水体的污染状况和健康风险，及时发现和解决水质问题，保护水资源的生态环境和供水安全。

（3）水灾害预警与应对：通过实时监测和数据分析，GIS 可以预测洪水、干旱等水灾害的发生和影响范围，为相关部门提供及时、准确的预警信息。同时，还可以支持灾害应急响应和救援工作，提供受灾区域的详细信息，辅助决策人员制定有效的应对措施。

（四）国土领域

（1）土地资源调查与评估：进行土地资源的基础调查，实时监测土地资源的变化情况，收集整理土地利用现状、土壤类型、地形地貌等信息。通过空间分析功能，可以对土地资源进行评估，及时发现土地资源的动态变化，确定土地适宜性、潜力和发展方向，为土地资源的合理开发提供依据。

（2）土地利用规划与优化：基于土地资源调查数据，进行空间分析和模拟，制定合理的土地利用规划方案，优化土地利用结构，提高土地利用效率，促进土地资源的可持续发展。

（3）土地权属管理与地籍系统：通过地籍数据的采集、整理和管理，可以建立完整的土地权属数据库，实现土地权属的清晰界定和有效管理，有助于保护土地所有者的权益，促进土地市场的健康发展。

（五）城市管理

（1）基础数据管理：通过遥感技术、现场调查等多种方式，收集各种与城市相关的地理数据，包括地形、地貌、交通、人口分布等，形成一个综合的数据库。基于收集到的数据，进行空间分析，包括地形分析、交通流量分析、人口密度分析等，为相应规划的执行提高数据支撑。

（2）城市规划与设计：GIS 可将收集到的数据以地图、图表等形式展现出来，使城市规划者更直观地了解城市的现状和发展趋势。基于 GIS 的数据分析和可视化结果，城市规划者可以制定更合理、更科学的规划方案，包括土地利用规划、交通规划、公共设施规划等，提高规划效率的同时为城市的可持续发展奠定了坚实基础。GIS 技术的运用不仅提高了规划效率，而且为城市的可持续发展奠定了坚实基础。

（3）城市基础设施管理：实时监测城市的交通状况、公共设施运行情况等信息，并借助 GIS 技术实现对应项目的可视化展示，可以及时发现和解决城市基础设施的问题，提高城市基础设施的运行效率和服务水平。

（4）环境监测与管理：通过整合气象、水质、空气质量等环境数据，实时监测城市的环境状况，基于环境数据分析和模拟预测功能，评估城市的环境风险，制定预警机制，提前应对可能出现的环境问题。

三、消防中的应用

基于地理信息系统，结合消防业务场景，可实现以下功能：

（一）消防信息管理

通过收集消防资源数据、消防重点单位数据、重点部位数据、危险化学品数据并建立相应的数据库，具象化水源、道路、重点单位等的情况，取代以往先实地考察、再作图记录的方法，提高信息管理效率。

（二）城市消防规划

依靠 GIS 技术的三维展示功能可以高效地进行各种消防重点单位的选址、规划、建设，包括消防站点的规划，以及消防水源的建设规划。将各种规范数据添加至系统作为分析依据，可自动判断规划的合理性并计算间距，减少传统人为判断的失误和不准确性。

（三）火情应急响应

借助 GIS 技术可以快速定位火警发生地点，分析事故发生原因和影响范围，通过优化计算和路径分析确定最佳消防力量调配方案和行车路径，显著提高消防通信指挥的快速反应与科学决策能力，加快接出警速度，适应火灾扑救及抢险救援受理与联合作战的需要。

（四）灾害预测分析

通过统计火灾隐患分布情况及地区历史火灾数据，可分析不同区域、不同行业火灾风险情况并输出三维展示模型。结合大数据、人工智能等技术，科学预测地区火灾风险等级，有针对性地制定科学的预防措施和对策，减少火灾事故的发生。

第二节　建筑信息模型

建筑信息模型（Building Information Modeling，BIM）是指通过数字化手段，在计算机中建立出一个虚拟建筑，该虚拟建筑会提供一个单一、完整、包含逻辑关系的建筑信息库，包含描述建筑物构件的几何信息、专业属性、状态信息及非构件对象（如空间、运动行为）的状态信息，可形成面向建筑全生命周期的信息化模型，广泛应用于建筑的设计、施工和运维等阶段。在消防领域，BIM 技术可结合物联网等技术实现建筑消防设施信息化，提升消防安全管理效率。

一、技术概述

（一）组成与特征

1. BIM 的组成

BIM 集成了建筑从设计、施工到运维等各阶段的全部工程数据，通常由几何模型、属性模型、关系模型和时间模型组成。

（1）几何模型：几何模型是 BIM 的基础，它用于表示建筑物的形状和结构，可分为三维模型和二维模型两种形式。三维模型是 BIM 模型的主要形式，以三维空间坐标为基础，通过点、线、面和体来表示建筑物的几何形状，可以直观地展示建筑物的形态和空间布局。二维模型是建立在三维模型基础上的投影，用于表示建筑物的平面布置和剖面形态。

（2）属性模型：用于描述建筑物的各种属性信息。属性模型包括建筑物的名称、功能、材料、尺寸、重量、成本、施工日期等各个方面的信息，可以采用不同的数据格式，如文本、数字、日期、列表、链接等。属性模型的数据可以直接嵌入 BIM 模型中，也可以以外部文件的形式进行关联。通过属性模型，可以方便地查询和管理建筑物的属性信息。

（3）关系模型：包括空间关系、功能关系、结构关系、属性关系等各个方面的关系信息，用于描述建筑物中各个元素之间的关系和连接。关系模型可以采用不同的表示方法，如层次结构、网络图、矩阵等。通过关系模型，可清晰地了解建筑物中各个元素之间的关系，并进行相应的分析和优化。

（4）时间模型：作为 BIM 的扩展组成部分，它用于描述建筑物在不同时间点上的状态和变化。时间模型可以包括建筑物的设计阶段、施工阶段、运营阶段等各个阶段的信息，可以采用时间轴、时间表、时间序列等不同的表示方法。通过时间模型，可以模拟建筑物在不同时间点上的状态，并进行相应的分析和预测。

2. BIM 的特征

（1）可视化：BIM 技术提供了三维可视化功能。传统的二维图纸需要进行空间想象，而 BIM 技术则可以通过三维模型将设计成果以仿真的形式展现在人们面前，使得各参与方能够更加直观地理解项目的设计和构造信息，提高了沟通和交流的效率。

（2）协调性：BIM 技术可以在项目的不同实施阶段和各参与方之间进行协调。它提供了一个数据管理平台，集成了项目各方的数据和参数，使得各参与方能够在同一平台上进行方案优化与实施组织等工作，减少工程变更和各参与方直接的沟通误解和冲突，提高项目的推进效率。

（3）模拟性：BIM 技术可以对项目进行各种模拟，包括节能模拟、性能模拟、施工现场模拟等。利用这些技术，项目团队可以更好地预测和优化项目性能，及时发现潜在问题，基于模拟结果制定科学合理的实施方案，使得项目实施与管理更加精细化，提高了项目的经济性，确保项目达到预期目标。

（4）优化性：BIM 技术优化建筑项目的各项设计、施工和运营方案。通过 BIM 模型的数据分析功能可以及时发现设计中的冲突和问题，并进行优化调整。此外，在施工过程中，BIM 技术还可以优化资源调度、减少材料浪费和提高施工效率。在运营阶段，BIM 技术可以用于日常的设施管理、维护和保养，提高设施的使用寿命，降低运营成本。

（5）可出图性：BIM 技术在产生出图对象、参数化出图过程、可视化效果、图纸控制和信息管理等方面也具有突出的能力。在项目设计、施工与运营过程中，BIM 技术可将三维建筑模型精确地投影到二维图上，通过建模和参数设定，自动生成出图对象，提高了出图的准确性和效率。

（二）主要技术

建设项目全生命周期内的阶段划分与参与方众多，且使用的 BIM 软件类型也不同，要保证信息交换的有效性，就必须建立中立的、公开的信息交换标准格式，以保证信息的有效传递与识别，实现各阶段、各参与方、各软件之间的信息集成与共享。为解决上述问题，国际标准化组织制定的三项国际标准，共同构成了建筑模型信息交换与共享的三个基本支撑，这是实现 BIM 技术发展应用的三大支柱。

（1）IFC（Industry Foundation Classes）：用于存取建筑全生命周期中各种信息。传统的CAD图纸上所表达的信息计算机无法识别。IFC标准解决了这一问题，它类似面向对象的建筑数据模型，是一个计算机可以处理的建筑数据表示和交换标准。IFC模型所包含的各类信息可用于支持建筑的设计、施工和运行等各阶段中各种特定软件的协同工作。IFC标准是连接各种不同软件之间的桥梁，很好地解决了项目各参与方、各阶段间的信息传递和交换问题。

（2）IDM（Information Delivery Manual）：用于传递建筑全生命周期中各种信息。它包含了各个项目阶段、项目参与方、项目业务流程所需要交换的信息部分以及由该流程产生的信息的内容，可以确保某一项目参与方在开展专业工作时能够从上游参与方已收集的信息中及时得到所需要的具有质量保证的信息。同时，该参与方收集或更新的信息也应该遵守所有上游参与方同样的信息管理和共享规则，在适当的时候为其后的下游参与方提供合适的信息。IDM能够将各个项目阶段的信息需求进行明确定义并将工作流程标准化，能够减低工程项目过程中信息传递的失真，同时提高信息传递与共享的质量。

（3）IFD（International Framework for Dictionaries）：用于表示建筑全生命周期中各种信息的语义。由于自然语言具有多样性和多义性，为保证来自不同地区、国家、语言体系和文化背景的信息提供者与信息请求者对同一个概念有完全一致的理解，IFD为建筑全生命周期中的每个概念和术语赋予了全球唯一标识码GUID，这使得IFC里面的每个信息与全球唯一标识码存在唯一对应关系。通过所需要交换信息的GUID即可得到对应的信息，避免了不同地区、国家、语言体系和文化背景的项目参与方对同一个概念有不同的理解。

二、应用现状

（一）建筑领域

（1）建筑设计：BIM技术通过构建三维模型，实现了设计的可视化、协同化和优化。设计人员能够更直观地呈现设计意图，减少沟通误解，提高设计效率。同时，BIM还能进行碰撞检测，优化设计方案，确保建筑设计的准确性和可行性。

（2）施工管理：BIM技术为施工提供了精确的模型和数据支持。通过BIM模型，可以进行施工进度模拟、资源优化配置和安全管理，有助于减少施工中的变更和冲突，提高施工效率和质量，降低施工成本。

（3）运营管理：BIM技术为建筑设施管理提供了全面的数据支持。通过BIM模型，可对设备的维护、维修和更换实现可视化管理，实现资产管理的高效化和智能化。此外，BIM还能提供空间管理、能源管理等功能，帮助提升建筑设施的管理水平和运营效率。

（二）规划领域

（1）交通规划：BIM在城市交通规划中的应用主要体现在其强大的信息集成和可视化

特性。通过 BIM 技术，可以精确模拟城市交通网络，预测交通流量，优化道路布局，提高交通效率。此外，BIM 还有助于实现多专业协同设计，减少设计冲突，缩短项目周期。

（2）公共设施规划：BIM 技术能够提供精准的空间分析和模拟，帮助设计师更好地规划公共设施的位置、规模和布局。通过 BIM 模型，可以预测设施的使用需求，优化资源配置，提高公共设施的使用效率和满意度。

（3）环境模拟：BIM 技术能够模拟建筑物的能耗、光照、通风等环境性能，为绿色建筑设计提供有力支持。通过 BIM 模型，可以预测建筑物在不同气候条件下的表现，优化设计方案，降低能耗和碳排放，实现可持续发展。

（三）工业领域

（1）生产线布局：通过构建三维模型，可以模拟生产线的运行流程，优化设备布局，提高生产效率。同时，BIM 技术还可以支持生产线的可视化设计，使人员更直观地理解生产线的结构和功能。

（2）物料管理：通过 BIM 技术可以科学规划材料运输线路和存放场地。通过追踪物料的来源、存储和使用情况，实现库存的有效控制和优化，有助于减少物料浪费和降低成本，提高物料管理的效率和准确性。

（3）质量控制：BIM 技术可以集成质量检测数据，对生产过程中的质量问题进行实时监控和预警。通过 BIM 模型，可以追溯产品的生产过程和质量控制环节，及时发现和解决质量问题，提高产品质量。

三、消防中的应用

基于 BIM 技术，结合消防业务场景，可实现以下功能：

（一）消防信息管理

借助 BIM 模型，实现建筑消防信息的三维展示。通过建立消防 BIM 构件族库，对消防设备设施进行精细管理和定位。结合物联网技术，实时查看所采集设备的状态信息并对收到的消防设备报警、故障信息进行实时展示。此外，可基于模型建立电子台账，并自动对不同系统、不同类型的数据进行统计和管理。

（二）消防巡检与隐患处置

基于建筑三维模型，可以更加直观地了解建筑物的结构和布局，从而制定更加科学合理的消防巡检计划。在巡检过程中，BIM 技术可以辅助消防人员及时发现潜在的火灾隐患。对于由系统自动发现的报警或故障信息，BIM 技术还可以提供精确的位置信息和相关数据，帮助消防人员迅速制定处置方案，提高隐患处置的效率和准确性。

（三）消防监督管理

基于 BIM 技术搭建的三维模型，结合大数据、GIS 等技术，建立辖区各社会单位的三维电子档案。通过对各单位消防隐患的深度研判，进行系统评估，实现网格化、精细化的管理，显著降低人力成本，提高监管效率，为消防安全提供有力保障。

（四）辅助灭火救援

BIM 技术可提供精确的建筑物内部结构和布局信息，辅助消防救援人员更好地了解火场内部情况。在灭火救援过程中，BIM 可提供火源位置、疏散路线、消防设施等关键信息，通过空间计算可预测火灾烟气蔓延路径、人员疏散时间等，辅助消防人员进行决策和行动。此外，通过 BIM 技术与消防设备间的联动，可实现实时数据共享和监控，提高灭火救援的效率和成功率。

第三节　物联网技术

物联网（Internet of Things，IoT）技术，是指通过信息传感设备，按约定的协议，将任何物体与网络相连接，物体通过信息传播媒介进行信息交换和通信，以实现智能化识别、定位、跟踪、监管等功能的一种网络技术。物联网技术的核心和基础仍然是互联网技术，是在互联网技术基础上的延伸和扩展，其用户端延伸和扩展到了任何物品和物品之间，进行信息交换和通信。在消防领域，可充分利用物联网技术，获取消防安全相关要素，进行高效管理和应急救援。

一、技术概述

（一）组成与特征

1. 物联网的组成

物联网层次结构分为三层，自下向上为感知层、网络层和应用层。

（1）感知层是物联网的核心，是信息采集的关键部分。感知层位于物联网三层结构中的最底层，其功能为通过传感网络获取环境信息。感知层由基本的感应器件（如 RFID 标签和读写器、各类传感器、摄像头、GPS、二维码标签和识读器等基本标识和传感器件）以及感应器组成的网络（如 RFID 网络、传感器网络等）两大部分组成。该层的核心技术包括射频技术、新兴传感术、无线网络组网技术、现场总线控制技术等，涉及的核心产品包括传感器、电子标签、传感器节点、无线路由器、无线网关等。

（2）网络层是整个网络体系结构中的关键层次之一，主要负责提供通信服务。网络层作为纽带连接着感知层和应用层，由各种私有网络、互联网、有线和无线通信网等组成，相当于人的神经中枢系统，负责将感知层获取的信息，安全可靠地传输到应用层，然后根据不同的应用需求进行信息处理。网络层包含接入网和传输网，分别实现接入功能和传输功能。

（3）应用层位于物联网三层结构中的最顶层，其功能为通过计算平台进行信息处理。应用层与底层的感知层紧密配合，是物联网的显著特征和核心所在。应用层可对感知层采集数据进行计算、处理和知识挖掘，从而实现对物理世界的实时控制、精确管理和科学决策。

2. 物联网的特征

（1）整体感知：物联网通过将各类感知设备部署于各类物品、环境和设施中，形成无所不在的感知网络，实现对整个系统的全面监测，以收集各类物理量、状态信息、位置信息及环境变化等多元化的数据，实时反映被监测对象的状态变化，为后续的分析决策提供高质量的数据支持。

（2）可靠传输：物联网依托现有互联网、移动通信网络以及专用的低功耗广域网技术，采用标准化、高效的通信协议和加密技术，构建多层次、异构的通信网络，确保数据在不同设备、平台间传输的一致性、兼容性和安全性，确保各类数据能够准确、及时、安全地传输至分析处理平台。

（3）智能处理：利用各种智能技术，对感知和传输的数据、信息进行分析处理，实现监测与控制的智能化，进而实现趋势预测，决策辅助、故障诊断及资源优化等功能，推动从数据到价值的转化。

（二）主要技术

物联网的主要技术包括传感器数据采集、数据传输与处理、数据存储与管理、数据分析与应用、物联网应用输出与展示五部分。

1. 传感器数据采集

物联网的起点是传感器对数据的采集，通过各种传感器设备（如温度传感器、湿度传感器、光照传感器等）采集环境、设备、物品等状态信息，并将这些信息转换成数字信号。采集的数据需要经过预处理，如滤波、去噪、归一化等，以提高其质量和可用性。

2. 数据传输与处理

传感器设备采集到的数据通过网络传输到数据处理中心。传输过程中应保证数据的可靠性、安全性和实时性，到达数据处理中心后，需对数据进行数据清洗、数据融合、数据压缩等进一步的处理，以便后续的分析和应用。

3. 数据存储与管理

为便于数据的分析和应用，处理后的数据需要存储到数据库中。存储过程中，应根据数据的结构、格式、规模等因素，选择适合的数据库管理系统，并对数据进行分类、索引、备份等管理，以保证数据的安全性和可靠性。

4. 数据分析与应用

通过各类算法和模型对存储的数据进行分析，可提取所需的信息和知识。分析过程中，可以采用数据挖掘、机器学习、深度学习等技术，实现数据的自动化分析和预测。同时，可根据对应领域应用需求开发出对应的物联网应用，如智能家居应用、智能交通应用等。

5. 物联网应用输出与展示

经过分析处理的数据和应用结果，通过网页、App、大屏幕等手段向用户进行展示。数据展示可根据用户反馈和应用需求，综合考虑数据的可视化、交互性、易用性等因素，对展示方式进行持续改进和优化，以便用户更好地理解和应用物联网技术。同时，应根据用户反馈和应用需求，对展示方式进行持续改进和优化。

二、应用现状

（一）家居领域

智能家居产品融合自动化控制系统、计算机网络系统和网络通信技术于一体，实现各种家庭设备自动化动作，用户可通过有线和无线网络实现对家庭设备的远程操控。

（二）医疗领域

利用物联网技术，可实时跟踪病人身体状况等信息，保证医生有效的诊断和进行治疗。如利用简易实用的家庭医疗传感设备，对家中病人或老人的生理指标进行自测，并将生成的生理指标数据通过固定网络或无线网络传送到护理人所在医疗机构。此外，借助该技术可搭建整体医疗物联网系统，完成对药品的实时调配和管理，提高管理效率。

（三）水生态领域

采用物联网技术对地表水水质进行实时自动监测，可以实现水质的实时连续监测和远程监控，及时掌握主要流域重点断面水体的水质状况，预警预报重大或流域性水质污染事故，解决跨行政区域的水污染事故纠纷等。

（四）交通领域

利用物联网技术搭建智能交通系统，包括无线视频监控、智能公交站台、电子票务、车管专家和公交手机一卡通等。在日常通行方面，通过对道路信息的实时监测，便于驾驶者掌握路况信息，也可通过信息的采集和处理为驾驶者提供最优行驶线路。在公共交通方面，设置公交车实时线路图，方便用户掌握等待时间。此外，利用物联网技术还可引导用户方便快捷地找到停车地点，高效管理停车场资源。

（五）农业领域

基于物联网技术的智能农业产品通过实时采集温室内温度、湿度信号以及光照、土壤温度、二氧化碳浓度、叶面湿度、露点温度等环境参数，可根据用户需求自动开启或关闭指定设备，实现农业种植的远程管理，为现代农业综合生态信息的自动监测和环境状态的自动控制和智能化管理提供技术支撑。

（六）物流领域

利用物联网技术可打造集信息展现、电子商务、物流配载、仓储管理、金融质押、园区安保、海关保税等功能为一体的物流园区综合信息服务平台，实现对物流全过程的实时监控、智能识别、自动化操作以及数据分析等功能，可提高物流运作的效率和准确性，增强货物运输的安全性和可靠性，降低运营和管理成本，推动物流行业智能化、自动化的革新。

三、消防中的应用

基于物联网技术，结合消防相关业务场景，可实现以下功能：

（一）消防设备管理

消防器材出厂时可在每个器材上安装包含消防器材类型、认证信息、基本参数、出厂日期、使用寿命等的电子标签作为防伪标识，避免消防器材的假冒伪劣。人员只需手持无线终端设备对预装有芯片的器材进行扫描和数据采集，系统即可对采集的各种数据进行自动分析。物联网技术在消防设备管理中的应用，可提高社会单位消防巡检工作和消防部门监督检查工作的工作效率。

（二）消防水源管理

消防水源是灭火救援工作的基础设施之一，其充足性直接影响着灭火救援行动的展开。利用物联网技术，在消火栓、消防水池、天然湖泊等重要位置安装通信设备，通过水位、水流触发传感器，定期将传感器信息发送至中心服务器，消防部门即可通过手机、电脑等终端设备实时查询消防水源的状态、压力等数据，实现对消防水源的实时联网监控和统一动态管理。借助于通信设备的定位功能，还可实现消防水源位置信息的采集，并将对应数据及时传输指挥中心及作战车辆，为灭火救援行动提供支持。

（三）危险品运输管理

传统的危险品运输管理主要依靠卫星定位系统。在消防安全方面，运输过程中除了车辆的轨迹之外，设备的阀门是否打开、运输车辆车柜门是否上锁等运送设备的状态也尤为重要。借助物联网技术，可及时掌握危险品运输车辆的位置和设备运行状态，由指挥中心进行统一监控管理，提高危险品运输的安全性。

（四）消防队伍及装备管理

基于物联网技术，将电子芯片设置在消防救援人员穿戴的战斗服和空气呼吸器等个人装备中并预先存储个人信息，利用读写器即可读取显示救援人员的基本信息。芯片可将救援人员位置、空气呼吸器压力及环境温度等信息实时传输至作战指挥中心，便于指挥员对一线消防力量的监控管理。

此外，可利用相关物联网设备将分散的人员、车辆、设备等各种属性的信息集成到一个网络中，实现对灭火救援过程中不同位置、不同种类消防装备的集中智能管理，提升装备管理水平。发生重大火灾和事故时，指挥中心可根据智能装备管理系统实时获取已派车辆的信息、投入现场的装备数量、可供调用的装备数量等，救援结束后自动生成消防装备使用记录和消耗数量，为科学指挥调度和事后战评提供数据支撑。

第四节　大数据技术

大数据（Big Data），或称巨量资料，是指所涉及资料量规模巨大到无法通过主流软件工具，在合理时间内达到撷取、管理、分析并整理成为可辅助用户进行决策的信息。在消防领域，单个建筑或社会单位的消防数据是有限的，但某座城市或消防行业的某类数据的量是巨大的，且能反映出少量数据无法体现的特征，为消防安全管理提供新的思路和方法。

一、技术概述

（一）组成与特征

1. 大数据的组成

大数据包括结构化、半结构化和非结构化数据：

（1）结构化数据是大数据中最为常见的一种类型，通常存储在关系型数据库中。结构化数据的优点在于其规范性和一致性，即每个字段都有固定的数据类型和长度，如整数、浮点数、字符串等，处理过程相对简单。然而，数据量的急剧增长使得传统的关系型数据库难以应对，且其通常只能反映事物的表面现象，难以深入挖掘其背后的关联和规律。常见的结构化数据包括企业内部的财务记录、客户信息、交易数据等。

（2）半结构化数据介于结构化数据和非结构化数据之间，具有一定的结构和模式，但并不严格遵循固定的格式。由于半结构化数据既包含结构化元素（如标签、属性等），又包含非结构化元素（如文本、图像等），其处理相对复杂，但也正是这些非结构化元素使得半结构化数据具有极高的价值。常见的半结构化数据包括 XML、JSON、日志文件等。

（3）非结构化数据是大数据中最为复杂和多样的一种类型，通常以二进制形式存在，且增长速度远远超过结构化数据和半结构化数据，占据了大数据的绝大部分。由于缺乏固定的结构和模式，传统的数据处理技术难以直接应用于非结构化数据，其处理和分更为复杂，通常需要借助机器学习、深度学习和自然语言处理等技术。常见的非结构化数据包括文本、图像、音频、视频等。

2. 大数据的特征

（1）数据体量（Volume）巨大，指收集和分析的数据量非常大，从 TB 级别，跃升到 PB 级别甚至 EB 级别。在实际应用中，很多企业用户把多个数据集放在一起，已经形成了 PB 级的数据量。

（2）处理速度（Velocity）快，需要对数据进行实时分析，以视频为例，连续不间断监控过程中，可能有用的数据仅仅有一两秒，数据处理速度必须足够快方可满足分析处理需求。

（3）数据类别（Variety）多，数据种类和格式日渐丰富，如网络日志、视频、图片、地理位置信息等，包含了结构化、半结构化和非结构化等多种数据形式。

（4）数据真实性（Veracity）高，大数据中的内容是与真实世界发生的事件息息相关的，研究大数据就是从庞大的网络数据中提取出能够解释和预测现实事件的过程。

（5）价值密度（Value）低，大数据虽具备较高的商业价值，但由于其体量巨大，需通过繁复的数据分析才能得到有价值的信息。

（二）主要技术

根据大数据处理的生命周期，大数据相关技术主要包括大数据的采集与预处理、大数据存储与管理、大数据计算模式与系统、大数据分析与挖掘、大数据可视化分析及大数据隐私与安全等。

1. 大数据采集与预处理

针对大数据的数据源多样化的特点，对从数据源采集的数据进行预处理和集成操作，为后续流程提供统一的高质量的数据集。现有数据抽取与集成方式可分为四种类型：基于物化或 ETL 引擎方法、基于联邦数据库引擎或中间件方法、基于数据流引擎方法和基于搜索引擎方法。由于大数据的来源不一，异构数据源的集成过程中还需对数据进行清洗，以消除相似、重复或不一致数据。

2. 大数据存储与管理

大数据存储与管理需处理 PB 至 EB 量级数据，实时性和有效性要求极高，传统技术无法满足。实时性强的应用如状态监控，宜用流处理模式直接分析清洗数据，其他应用则需存储以支持深度分析。根据应用需求，存储管理软件分文件系统和数据库。在大数据环境下，分布式文件系统、数据库及访问接口和查询语言是最佳选择。

3. 大数据计算模式与系统

大数据计算模式指根据大数据的不同数据特征和计算特征，从多样性的大数据计算问题和需求中提炼并建立的各种高层抽象或模型。大数据处理的主要数据特征和计算特征维度有数据结构特征、数据获取方式、数据处理类型、实时性或响应性能、迭代计算、数据关联性和并行计算体系结构特征。根据大数据处理多样性需求和上述特征维度，常用典型大数据计算模式与系统包括大数据查询分析计算、批处理计算、流式计算、迭代计算、图计算以及内存计算。

4. 大数据分析与挖掘

由于大数据呈现多样化、动态异构，而且比小样本数据更有价值等特点，需要通过大数据分析与挖掘技术来提高数据质量和可信度。数据分析与挖掘是指根据分析目的，借助数据分析方法和挖掘工具，对收集来的数据进行处理与分析，提取有价值的信息，发挥数据的作用。数据分析与挖掘将原始数据转化为实用的知识，其目标不是提取或挖掘数据本身，而是对已有的大量数据，提取有意义或有价值的知识。

5. 大数据可视化分析

数据分析是大数据处理的核心，采用合适的方法展示分析成果尤为重要，目前常用的方法是可视化技术和人机交互技术。可视化技术是指使用图表、图形或地图等可视元素来表示数据的技术，可以迅速和有效地简化与提炼数据流，帮助交互筛选大量的数据，有助于用户更快更好地从复杂数据中得到新的发现。人机交互技术利用交互式的数据分析过程来引导用户逐步进行分析，使得用户在得到结果的同时更好地理解分析结果的由来，也可采用数据起源技术，通过追溯整个数据分析的过程以帮助用户理解结果。

6. 大数据隐私与安全

由于大数据涉及采集、处理、存储、销毁等多个程序，面临的安全风险更为复杂，数据安全和隐私保护需求也更为严苛。目前，常用的防护技术包括文件访问控制技术、基础设备加密、加密保护技术、数据水印技术、数据溯源技术、基于数据失真的技术、基于可逆的置换算法等。

二、应用现状

（一）城市管理

（1）交通管理：利用大数据分析交通流量、拥堵情况等信息，可以为城市提供更加智慧化的交通管理服务。例如根据实时交通数据优化交通信号灯，提高道路通行效率，减少拥堵和污染。

（2）城市规划：城市规划需要考虑很多因素，如人口、土地利用、环境等。大数据可以提供详尽的城市数据，帮助城市规划者更好地了解城市状况，制定合理的规划方案。

（3）环境监测：通过大数据技术，可以监测城市的环境状况，如噪声、空气质量、水质等，为城市管理者提供及时的环境报告和分析，提高城市环境质量。

（4）能源管理：利用大数据技术分析城市能源使用情况，预测未来能源需求和价格变化，提高城市能源利用效率，减少能源浪费。

（5）社会治理：大数据可以分析城市居民的行为和社会状况，提供有关治理城市的建议，从而提高城市社会治理的效率和水平。

（二）金融领域

（1）精准营销：通过分析客户的消费行为和偏好，可以实现精准营销，提高营销效果，如京东金融基于大数据的行为分析系统、恒丰银行基于大数据的客户关系管理系统。

（2）交易欺诈识别：通过大数据分析，可以识别出交易欺诈行为，帮助金融机构减少损失，如中国交通银行信用卡中心电子渠道实时反欺诈监控交易系统。

（3）信贷风险评估：通过分析客户的信用记录、收入和支出等信息，可以评估客户的信贷风险，帮助金融机构做出更好的决策，如恒丰银行全面风险预警系统、人人贷风控体系。

（4）投资规划：通过大数据分析客户的投资偏好和风险承受能力，可以为客户提供个性化的投资建议。

（三）医疗领域

（1）电子病历分析：医生通过共享电子病历，能够有效收集并分析数据，从而探索降低医疗成本的方法。医生和医疗服务提供商间的数据共享，有助于减少不必要的重复检查，进而提升患者体验。以百度智能医疗平台为例，它实现了电子病历的规范化和结构化，为医疗行业的发展注入了新的动力。

（2）健康风险预测：通过分析大量的医疗数据，可以预测人群的慢性病风险，帮助医疗机构和个人采取相应的预防和干预措施，提高健康管理的效果，如平安云的智能医疗解决方案具有智能健康风险预测功能。

（3）辅助诊断决策：通过学习海量教材、临床指南、药典及三甲医院优质病历，打造临床医学辅助决策系统，用以提升医疗质量，降低医疗风险。如百度智能医疗平台的临床辅助决策系统。

（4）互联网医院：利用互联网技术，为患者提供在线咨询、预约挂号、远程诊疗等医疗服务。互联网医院可以通过大数据分析，为患者提供个性化的医疗建议和服务，如丁香医生。

（四）零售领域

（1）个性化推荐：通过分析顾客的购买历史、浏览行为和偏好，利用大数据技术进行个性化推荐，提高销售转化率和顾客满意度。

（2）库存管理：通过分析销售数据和供应链数据，预测产品需求和库存水平，帮助零售商优化库存管理，减少过剩和缺货情况。

（3）客户细分：通过分析顾客的购买行为和消费习惯，将顾客分为不同的细分群体，为每个群体提供个性化的营销策略和服务。

（4）价格优化：通过分析市场竞争和顾客需求，优化定价策略，实现最佳的价格和利润平衡。

（5）供应链优化：通过分析供应链数据，优化供应链流程和物流配送，提高供应链的效率和可靠性。

（五）农业领域

（1）种植管理：通过卫星图像和传感器收集气象和农田数据，可以分析温湿度、光照、二氧化碳、土壤水分和养分等信息，从而合理安排灌溉、施肥和通风等农事活动，提高农作物的产量和品质。

（2）养殖管理：大数据可以根据传感器的监测信息，如牲畜和水产的喂养量、体温和水温等，预测它们的生长速度和健康状况，优化饲养管理，提高养殖效益。

（3）育种管理：利用基因技术收集农作物基因组数据，结合大数据分析，可以进行农作物品种改良和选育，培育出更适应环境、产量更高、品质更好的新品种。

（4）病虫害预测：通过收集和分析农作物图像数据和土壤数据，可以识别农作物叶面疾病和预测病虫害传播模式，提前采取防治措施，减少损失。

（5）智能农机：利用传感器监测和大数据分析，可以优化农机设备和无人机的路径规划、任务分配和自动化操作，提高农业生产效率。

（6）市场预测：通过分析农产品市场供需数据和价格走势，可以帮助农民调整种植计划，降低农产品滞销的风险，保障市场供应，提高农民收入。

三、消防中的应用

基于大数据技术，结合消防相关业务场景，可实现以下功能：

（一）消防安全管理

大数据技术可以整合消防数据资源，构建消防安全管理平台。通过收集分析消防设施的运行数据、消防隐患的排查记录等信息，实现对消防安全的实时监控和预警，有助于消防管理部门及时发现潜在的安全隐患，采取针对性措施，提高消防安全管理的效率和质量。

（二）消防巡查检查

大数据技术可以辅助消防人员进行精准巡查。通过对历史巡检数据的分析，找出巡查的重点区域和关键时段，制定合理的巡查计划。同时，利用大数据分析技术，可以对巡检过程中发现的问题进行分类和汇总，为消防管理提供决策支持，优化巡检流程。

（三）消防教育培训

大数据技术可以帮助消防管理部门制定更加科学合理的培训计划。通过分析消防人员的培训需求和学习特点，制定个性化的培训方案，增强培训效果。同时，还可借助大数据技术进行培训效果的评估，为管理人员提供反馈和建议，不断优化培训体系。

（四）应急灭火救援

大数据技术可以实现灭火救援的智能化和精准化。通过对火灾现场的实时监控和数据分析，消防救援部门可迅速掌握火势蔓延情况、被困人员位置等关键信息，为灭火救援决策提供有力支持。同时，大数据技术还可以辅助消防部门优化救援资源配置，提高灭火救援效率。

第五节　云计算技术

云计算是分布式计算技术的一种，其原理是通过网络"云"，将所运行的巨大的数据计算处理程序分解成无数个小程序，再交由计算资源共享池进行搜寻、计算及分析后，将处理结果回传给用户。云计算的本质是从资源到架构的全面弹性，这种具有创新性和灵活性的资源降低了运营成本，更加契合变化的业务需求，结合大数据和物联网技术，可应用于海量消防数据的分析，辅助消防管理与决策。

一、技术概述

（一）组成与特征

1. 云计算的组成

云计算的外在表现是通过 Internet 按需向用户提供动态的、可配置、易扩展的弹性资源和一系列服务。云计算架构包括核心服务层、服务管理层和用户访问接口层三个层次。

1）核心服务层

核心服务层主要是 IaaS、PaaS、SaaS 三个层次的服务：IaaS 指基础设施即服务，主要通过硬件基础设施部署服务，通过按需付费的形式为用户提供实体或虚拟的可配置的基础设施资源，如计算、存储和网络等资源。PaaS 指平台即服务，基于计算、存储和网络基础资源，为面向企业或终端用户的应用及业务创新提供快速、低成本的开发平台和运行环境。SaaS 指软件即服务，通过互联网向用户提供应用程序；在 SaaS 层中，软件应用程序托管在云端服务器上，由提供商负责管理和维护，用户通过订阅模式付费，根据需要访问应用程序。

2）服务管理层

计算服务管理层作为核心服务层，肩负着确保云服务的可用性、可靠性和安全性的重任。通过精细化的服务质量管理、严密的安全防护、透明的成本控制和全方位的资源监控，为用户提供高可用、高可靠、安全且经济的云计算服务，同时通过明确的服务等级协议确保供需双方对服务质量有共识，推动云计算服务的广泛应用与信任建设。

3）用户访问接口层

用户访问接口层实现了云计算服务的泛在访问，是云计算服务体系结构中直接面向最终用户或应用程序提供服务接入与交互的部分。通过提供标准化接口、用户友好的控制台、安全身份验证机制、资源管理功能、配套开发工具以及详尽的支持文档，确保用户能够便捷、安全、高效地访问和利用云服务资源。

2. 云计算的特征

（1）资源虚拟化：云计算广泛采用虚拟化技术，将物理资源抽象、分割成多个独立的、可管理的虚拟资源单元，如虚拟机、容器、存储卷等。虚拟化技术使得资源的分配、迁移、备份等操作更加灵活，也增强了系统的隔离性和安全性。

（2）快速弹性伸缩：根据用户工作负载的变化，云计算服务能够迅速、自动地增减资源供给，即在需求高峰时能迅速扩展资源以满足性能需求，在需求低谷时又能缩减资源以降低成本，实现资源使用的弹性和经济性。

（3）按需部署：用户可以随时通过网络自助访问云计算资源，如计算能力、存储空间、应用程序等，无须提前进行大量硬件购置或软件安装，只需根据实际需求订购所需服务，资源即可快速、自动地分配和配置。

（4）灵活性高：云计算服务商将大量物理或虚拟资源（如服务器、存储、网络设备、应用程序等）整合成一个大型的共享资源池。用户所使用的资源并非固定分配，而是从这个池中动态分配和回收，实现资源的高效利用和灵活扩展。

（5）高可用性与容错性：云计算通过数据冗余存储、故障切换、负载均衡、自动恢复等机制，确保服务在硬件故障、网络中断等情况下仍能持续提供服务，达到近乎不间断的可用性。同时，数据备份和灾难恢复策略可确保数据在发生灾难性事件时能够快速恢复。

（6）可计量服务：云计算系统能够自动监控和报告资源使用情况，如 CPU 使用率、存储空间、网络带宽等。用户只需为其实际使用的资源付费，且通常支持按用量计费、包月包年等多种计费模式，有助于精确控制成本。

（二）主要技术

云计算的关键技术包括以下几点：

（1）虚拟化技术：虚拟化是云计算中最核心的技术，它为云计算提供架构层面的支持，是 ICT 服务快速走向云计算的最主要驱动力。虚拟化是一种在软件中仿真硬件，以虚拟资源为用户提供服务的计算模式，旨在合理调配资源，实现了架构的动态化、物理资源的集中管理。

（2）分布式存储技术：采用可扩展的系统架构，将数据存储在不同的物理设备中，提高了系统的可靠性、可用性和存取效率，还易于扩展。

（3）分布式并行编程模式：MapReduce 是当前主流分布式并行编程模式之一，将任务自动分成多个子任务，通过 Map 和 Reduce 实现任务在大规模计算节点中的高度分配，能够更高效地利用软硬件资源，让用户更快速、更简单地使用应用服务。

（4）大规模数据管理：典型的有 Google 的 BT 数据管理技术和 Hadoop 的开源数据管理模块 HBase。

（5）分布式资源管理：在多节点的并发执行环境中，保证各个节点的状态同步，单个节点故障时，保证其他节点不受干扰。

（6）信息安全技术：涉及网络安全、服务器安全、软件安全、系统安全等。

（7）云计算平台管理：用于部署和开通新业务、快速发现并恢复系统故障，实现大规模系统自动化、智能化的可靠运营。

二、应用现状

（一）存储领域

云存储是在云计算技术上发展起来的一个新的存储技术。云存储是一个以数据存储和管理为核心的云计算系统。用户可以将本地的资源上传至云端，可以在任何地方连入互联网来获取云上的资源。众所周知的谷歌、微软等大型网络公司均有云存储的服务。在国内，百度云和微云则是市场占有量最大的存储云。存储云向用户提供了存储容器服务、备份服务、归档服务和记录管理服务等，大大方便了使用者对资源的管理。

（二）医疗领域

在云计算、移动技术、多媒体、5G 通信、大数据，以及物联网等新技术基础上，结合医疗技术，使用“云计算”来创建医疗健康服务云平台，实现了医疗资源的共享和医疗范围的扩大。因为云计算技术的运用与结合，医疗云提高医疗机构的效率，方便居民就医。例如医院的预约挂号、电子病历、医保等都是云计算与医疗领域结合的产物，医疗云还具有数据安全、信息共享、动态扩展、布局全国的优势。

（三）金融领域

利用云计算的模型，将信息、金融和服务等功能分散到庞大分支机构构成的互联网“云”

中，为银行、保险和基金等金融机构提供互联网处理和运行服务，同时共享互联网资源，从而实现高效、低成本的目标。

（四）教育领域

将所需要的任何教育硬件资源虚拟化，然后将其传入互联网中，利用云计算共享教育资源，向教育机构和学生老师提供一个方便快捷的平台，支持大规模的在线课程和学习资源，提高了教育资源的利用率。此外可利用云计算技术搭建虚拟实验室，学生可以通过云计算访问虚拟实验室，进行科学实验和模拟。

（五）制造领域

云计算可以构建仿真云平台，实现计算资源的有效利用和可伸缩，如利用基于云计算的 SaaS 应用，获取三维零件库来提高产品研发的效率；云计算可实现供应商和客户之间的信息共享和协同，进行生产计划的优化和调整，提高生产效率；云计算还可实现设备的连接和数据共享，以及设备的自动化控制和生产过程的优化，结合大数据和人工智能技术，可以对生产数据进行深度分析和预测，实现智能化的生产调度和故障预警。

三、消防中的应用

基于云计算技术，结合消防相关业务场景，可实现以下功能：

（一）数据资源共享

通过构建统一的消防管理云平台，实现了消防部门内部及跨部门之间的数据资源整合与共享。消防部门可以将各类消防数据，如火灾报警信息、消防设备状态、消防演练记录等，上传至云平台进行集中存储和管理。通过云平台的数据共享功能，不同部门之间可以实时获取所需数据，打破信息孤岛，提高决策效率和响应速度。

（二）智能分析与预警

云计算平台具备强大的数据处理和分析能力，可以对消防数据进行深度挖掘和分析。通过对历史火灾数据的分析，可以找出火灾发生的规律和特点，为预防火灾提供科学依据。同时，云平台还可以结合实时监测数据，进行火灾预警和风险评估，提前发现潜在的安全隐患，为消防部门提供有针对性的应对措施。

（三）消防指挥调度

在火灾应急响应过程中，云计算技术可以实现消防指挥与调度的智能化和高效化。通过云平台，消防部门可以实时获取火灾现场的图像、声音等多媒体信息，全面了解火灾情况。同时，云平台还可以根据火灾类型和规模，自动匹配最佳的救援方案和资源配置，指导消防人员进行科学、高效的救援行动。

（四）消防培训演练

云计算技术还可以为消防培训和演练提供有力支持。通过云平台，消防部门可以构建虚拟的火灾场景，模拟真实的火灾环境，为消防人员提供逼真的训练体验。同时，云平台还可以记录和分析消防人员的训练数据，评估其训练效果，为提升消防人员的专业技能和应急能力提供科学依据。

第六节 区块链技术

区块链（Blockchain）技术是一种块链式存储、不可篡改、安全可信的去中心化分布式账本技术，结合了分布式存储、点对点传输、共识机制、密码学等技术，通过不断增长的数据块链（Blocks）记录交易和信息，确保数据的安全和透明性，广泛应用于金融、供应链、医疗、不动产等领域，成为改变传统商业和社会模式的强大工具。在消防领域，区块链技术可作为智慧消防建设的支撑技术，提高其安全性和可靠性，同时也可用于火灾取证和职责监管。

一、技术概述

（一）组成与特征

1. 区块链的组成

区块链技术的基础架构模型如图 3-1 所示，区块链系统通常由数据层、网络层、共识层、激励层、合约层和应用层组成。

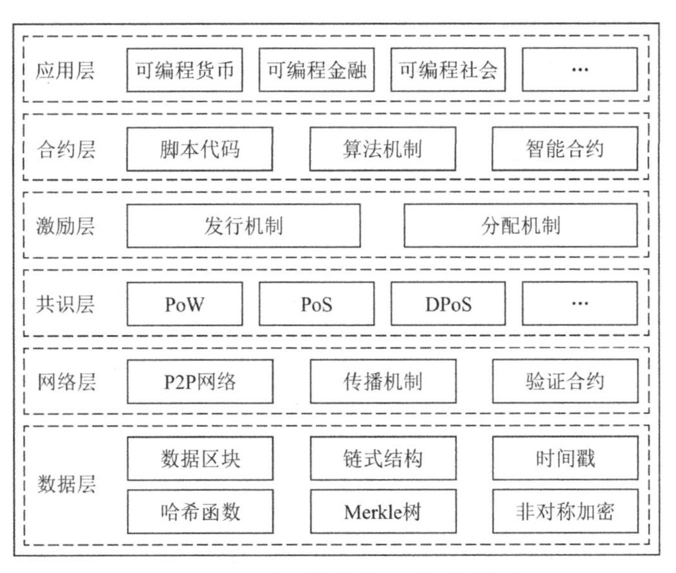

图 3-1 区块链技术的基础架构模型

其中，数据层封装了底层数据区块以及相关的数据加密和时间戳等技术；网络层则包括分布式组网机制、数据传播机制和数据验证机制等；共识层主要封装网络节点的各类共识算法；激励层将经济因素集成到区块链技术体系中，主要包括经济激励的发行机制和分配机制等；合约层主要封装各类脚本、算法和智能合约，是区块链可编程特性的基础；应用层则封装了区块链的各种应用场景和案例。该模型中，基于时间戳的链式区块结构、分布式节点的共识机制、基于共识算力的经济激励和灵活可编程的智能合约是区块链技术最具代表性的创新点。

2. 区块链的特点

区块链技术是分布式数据存储、点对点传输、共识机制、加密算法等计算机技术在互联网时代的创新应用模式，它具有以下特点：

（1）去中心化：区块链网络通常由数量众多的节点组成，根据需求不同会由一部分节点或者全部节点承担账本数据维护工作，少量节点的离线或者功能丧失并不会影响整体系统的运行。在区块链中，各个节点和矿工遵守一套基于密码算法的记账交易规则，通过分布式存储和算力，共同维护全网的数据，避免了传统中心化机构对数据进行管理带来的高成本、易欺诈、缺乏透明、滥用权限等问题。普通用户之间的交易也不需要第三方机构介入，直接点对点进行交易互动即可。

（2）开放性：区块链的数据对所有人公开，任何人都可以通过公开的接口查询区块链数据和开发相关应用，因此整个系统的信息高度透明。虽然区块链的匿名性使交易各方的私有信息被加密，但这不影响区块链的开放性，加密只是对开放信息的一种保护。同时由于区块链开放性的特点，为了保护用户隐私，一些区块链系统使用了隐私保护技术，用户可以查看除隐私信息外的所有信息。

（3）匿名性：在区块链中，数据交换的双方可以是匿名的，系统中的各个节点无须知道彼此的身份和个人信息即可进行数据交换。匿名不等同于化名，在计算机科学中，匿名是指具备无关联性的化名，即网络中其他人无法将用户与系统之间的任意两次交互（发送交易、查询等）进行关联。例如在比特币或以太坊中，由于用户反复使用公钥哈希值作为交易标识，交易之间显然能建立关联，因此比特币或以太坊并不具备匿名性。

（4）时序性：区块链采用带时间戳的块链式存储结构，有利于追溯交易从源头状态到最近状态的整个过程。时间戳作为区块数据存在的证明，具有极强的可验证性和可追溯性。

（5）透明性：相较于用户匿名性，区块链系统的交易和历史都是透明的，这是因为在区块链中账本是分发到整个网络所有参与者的，账本的校对、历史信息等对于账本的持有者而言，都是透明公开的。

（6）不可篡改性：区块链系统中的每项操作都会被记录，不同于由中心机构主宰的交易模式，其中心机构可以自行修改任意用户的交易信息，区块链系统无法篡改。

（7）集体维护：区块链作为一个多方参与维护的分布式账本系统，参与方需要约定数据校验、写入和冲突解决的规则，这被称为共识算法。区块链系统采用特定的经济激励机制来保证分布式系统中所有节点均可参与数据区块的验证过程，并通过共识算法来选择特定的节点将新区块添加到区块链。

（二）主要技术

1. 非对称密钥体制与哈希算法

区块链使用非对称加密技术（如 RSA、ECC 等）为每个参与者生成一对公钥和私钥。公钥用于接收资金或数据，私钥用于签名交易或数据，确保只有拥有私钥的实体才能对账户进行操作。同时，使用哈希函数对交易和区块数据进行摘要计算，生成固定长度、唯一且难以逆向推导的哈希值，用于验证数据完整性和链接区块。

2. 分布式网络

区块链网络由多个节点组成，这些节点通过点对点（P2P）通信协议进行连接，形成一个去中心化的网络。节点之间无须信任彼此，而是通过共识机制来确保数据的一致性和完整性。这种去中心化特性增强了系统的抗审查性、鲁棒性和数据安全性。

3. 智能合约

智能合约是部署在区块链上自动执行的程序，当满足预设条件时，合约自动执行相应的操作，如转账、投票、资产管理等。以太坊等平台引入了图灵完备的编程语言（如 Solidity），使得开发者可以编写复杂的智能合约，扩展了区块链的应用场景。

4. 共识机制

共识机制是区块链的核心技术之一，它决定了网络中节点如何就交易的有效性达成一致，从而决定新区块的生成和加入区块链中。常见的共识机制包括工作量证明、权益证明、委托权益证明、权威证明等。共识机制确保了即使在网络存在恶意参与者的情况下，也能确保数据的一致性和不可篡改性。

5. 激励机制

对于采用工作量证明或权益证明的公有链（如比特币、以太坊），通常设计有经济激励机制，如区块奖励和交易手续费，鼓励矿工或验证者积极参与网络维护和交易验证，保障网络的安全和稳定运行。

二、应用现状

（一）金融领域

（1）供应链金融：基于区块链的供应链金融应用中，通过将供应链上的每一笔交易和应收账款单据上链，同时引入第三方可信机构，例如银行，物流来确认这些信息，确保交易和单据的真实性，实现了物流、信息流、资金流的真实上链；同时，支持应收账款的转让、融资、清算等，让核心企业的信用可以传递到供应链的上下游企业，减小中小企业的融资难度，同时解决了机构的监管问题。

（2）资产交易：通过区块链进行数字资产交易，首先将链下资产登记上链，转换为区块链上的标准化数字资产，不仅能对交易进行存证，还能做到交易即结算，提高交易效率，降低机构间通信协作成本。监管机构加入联盟链中，可实时监控区块链上的数字资产交易，提升监管效率，在必要时进行可信的仲裁、追责。

（二）司法领域

与传统司法证据相比，电子证据获取存在取证成本高、取证难校验、公信力不足等缺点。2018年，我国公布了《最高人民法院关于互联网法院审理案件若干问题的规定》（以下简称《规定》）。《规定》第十一条中明确规定：当事人提交的电子数据，通过电子签名、可信时间戳、哈希值校验、区块链等证据收集、固定和防篡改的技术手段或者通过电子取证存证平台认证，能够证明其真实性的，互联网法院应当确认。因此，区块链记录的电子证据可被认为是具有司法效力的证据，已有多个平台成功应用。

（三）商业领域

（1）智能合同：智能合同实际上是在另一个物体的行动上发挥功能的计算机程序。与普通计算机程序一样，智能合同也是一种“如果—然后”的功能，但区块链技术实现了这些“合同”的自动填写和执行，无需人工介入。随着技术的发展普及，智能合同最终可能会取代法律行业中在商业和民事领域起草和管理合同的相关业务。

（2）不动产产权登记：区块链技术的应用可实现对土地所有权、房契、留置权以及二手房交易等信息的记录和追踪，并确保相关文件的准确性和可稽查性，避免了由于信息不对称而导致的房产欺诈。同时可简化交易流程，加快交易周期，提高透明度，降低交易成本。

（3）招标投标服务：商业项目招标存在一定的信息不透明性，而企业在密封投标过程中也存在信息泄露的风险。区块链能够保证投标信息无法篡改，并能保证信息的透明性，在彼此不信任的竞争者之间形成信任共识，并能够通过区块链安排后续的智能合约，保证项目的建设进度，减少违规行为。

（四）政务领域

（1）公共事务管理：区块链技术可以推动公共事务的透明治理，实现数据开放和信息共享。在教育、就业、养老、精准扶贫、医疗健康、商品防伪、食品安全、公益、社会救助等公共事务领域，区块链技术的应用有助于提高政府治理的透明度和效率，增强公民对政府的信任度。

（2）社会诚信治理：社会诚信治理是社会治理的核心内容，其难点包括数据孤岛、身份确认、数据确权、用户隐私等阻碍数据共享，以及信用数据的真实性无法确认。结合大数据技术，可打破不同组织之间的数据信息孤岛，收集和共享高质量可信的信用数据，可帮助解决消费信用、银行信贷、普惠金融等领域中由于信息不对称而导致的成本过大、数据杀熟、中小企业融资难等难题，同时也有利于提高信用主体的信用意识。

（五）信用领域

（1）溯源防伪：区块链技术具有时序数据和不可篡改的特性，使其在登记结算和数据存证场景中表现出色。在登记结算中，区块链可实现实时对账；在数据存证中，它能确保数据不被篡改并加盖时间戳。这些功能为溯源、防伪和优化供应链提供了强大工具。通过追踪记录有形商品或无形信息的流转，每次流转都登记在案，能够追溯产地、防伪鉴证，根据溯源信息优化供应链，并提供供应链金融服务。

（2）数字证书：区块链的数字证书是一种数字身份证明，它是基于密码学签名算法，由区块链网络发行，用于记录一方以证明另一方（例如银行或零售商）完成指定要求（比如购买某项服务或产品）的一个协议。这种证书构成了区块链的核心，它的作用是建立一个透明且可追溯的可信数据存储结构，以及记录有关节点（用户的一条链上账户），可为世界上任何事件、物品或服务及其状态提供可识别证明。

三、消防中的应用

基于区块链技术，结合消防业务场景，可实现以下功能：

（一）消防责任落实

区块链技术结合物联网技术可实现建筑、水源、消防等相关数据与信息分布式的实时更新与安全存储，极大地提升了消防日常管理相关工作效率及质量。同时，利用区块链技术可实现数据溯源且不能够伪造篡改的特征，在消防管理社会单元中登记与查询数字身份与消防安全数据，为消防监管执法与火灾事故的调查取证提供了具有高度可信力的法律证据，减少了消防责任人的侥幸心理，有利于消防安全责任制的落实。

（二）消防安全监管

结合区块链技术在金融监管等方面的应用，可建立基于区块链技术的社会主体。以消防安全风险自评、自查及整改等自主管理为基础，消防监管部门利用可授权式解密共享技术，进行时间戳与上传者身份相关数据的调用，针对管理服务对象给予动态化线上检查，全面且客观了解单位与辖区整体消防安全情况，在抽查工作中也可集中有限监管力量，针对重点监控人员或场所进行有针对性的检查与指导，提升监管效率。

（三）消防信息共享

消防安全需要应急管理部门、住房和城乡建设部门等多家单位协同管理。区块链技术可优化数据存储和建立共识机制，利用政府数据共享模式，基于消防安全流程要素，建立多部门合作的城市消防安全信息数据库。此数据库能形成高效监管机制，确保事件处理全程畅通、责任明确，为各部门协同工作提供有力支持。

第七节　虚拟现实技术

虚拟现实技术（Virtual Reality，VR）是一种可以创建和体验虚拟世界的计算机仿真系统，其基本实现方式是以计算机技术为主，利用并综合三维图形技术、多媒体技术、仿真技术、显示技术、伺服技术等多种最新科技发展成果，借助计算机等设备产生一个逼真的三维视觉、触觉、嗅觉等多种感官体验的虚拟世界，从而使处于虚拟世界中的人产生一种身临其境的感觉，广泛应用于航空航天、医学实习、建筑设计、军事体育训练和娱乐游戏等领域。在消防领域，虚拟现实技术可推动传统消防培训及演练的变革，显著提升消防培训及演练效果。

一、技术概述

（一）组成与特征

1. 虚拟现实的组成

虚拟现实技术就是利用现实生活中的数据，通过计算机技术产生的电子信号，将其与各种输出设备结合使其转化为能够让人们感受到的现象。这些现象可以是现实中真真切切的物体，也可以是人肉眼所看不到的物质。一个典型的虚拟现实系统主要由计算机、输入/输出设备、应用软件和数据库等组成。

（1）计算机：计算机是系统的心脏，被称为虚拟世界的发动机，主要负责虚拟世界的生成、人与虚拟世界的自然交互等功能的实现。由于所生成的虚拟世界本身具有高度复杂性，尤其在大规模复杂场景中，生成虚拟世界所需的计算量巨大，因此对虚拟现实系统中的计算机配置提出了极高的要求。通常可分为基于高性能个人计算机、基于高性能图形工作站及超级计算机系统等。

（2）输入/输出设备：在虚拟现实系统中，用户与虚拟世界之间要实现自然的交互，依靠传统的键盘与鼠标是无法实现的，这就必须采用特殊的输入/输出设备，用以识别用户各种形式的输入，并实时生成相应的反馈信息。常用的设备有用于手势输入的数据手套、用于语音交互的三维声音系统，用于立体视觉输出的头盔式显示器等。

（3）应用软件：在虚拟现实系统中，应用软件完成的功能包括虚拟世界中物体的几何模型、物理模型、运动模型的建立；三维虚拟立体声的生成；模型管理技术及实时显示技术、虚拟世界数据库的建立与管理等。

（4）数据库：虚拟世界数据库主要存放的是整个虚拟世界中所有物体的各方面信息，在虚拟世界中含有大量的物体，在数据库中就需要有相应的模型。如在显示物体图像之前，就需要有描述虚拟环境的三维模型数据库支持。

2. 虚拟现实的分类

虚拟现实技术主要分为三大类：VR（Virtual Reality）、AR（Augmented Reality）和 MR（Mixed Reality）。

VR（Virtual Reality）即纯虚拟代替视觉。通过佩戴设备，利用电脑模拟三维虚拟世界，呈现给用户全封闭与沉浸式的虚拟环境，并加入听觉以及触觉等感官体验。VR 技术能够创造出完全虚拟的环境，让用户沉浸在其中，享受身临其境的感觉。这种技术被广泛应用于游戏、电影、教育、医疗等领域。

AR（Augmented Reality）即增强现实。AR 技术可以将数字信息叠加到真实世界上，让用户在现实世界中看到虚拟元素，从而增强用户的感知和互动。这种技术被广泛应用于教育、培训、设计等领域。通过 AR 技术，可以将虚拟的文字、图像、视频等元素与现实世界相结合，为用户提供更加丰富和直观的视觉体验。

MR（Mixed Reality）即混合现实。MR 技术可以将虚拟元素与现实世界完美地融合在一起，创造出一种全新的交互体验。通过 MR 技术，可以将虚拟的物体、人物等元素与现实世界相结合，为用户提供更加真实和互动的体验。这种技术被广泛应用于工业设计、医疗、游戏等领域。

3. 虚拟现实的特征

（1）沉浸性：虚拟现实创造出强烈的临场感，让用户感觉仿佛置身于所模拟的虚拟世界之中。沉浸性体现在视觉、听觉，甚至触觉、嗅觉等多感官层面的模拟。

（2）交互性：用户对模拟环境内物体的可操作程度和从环境得到反馈的自然程度如同在现实世界中。使用者进入虚拟空间，相应的技术让使用者跟环境产生相互作用，当使用者进行某种操作时，周围的环境也会做出某种反应，这种交互深度和复杂度远超过传统的二维界面交互。

（3）多感知性：虚拟现实不仅限于视觉和听觉的模拟，还可能包括触觉、嗅觉，甚至味觉等多种感官通道的模拟或刺激，虽然后几种感知在当前技术下实现较为有限，但技术发展也在努力营造全方位、多维度的感知体验，以强化用户的沉浸感。

（4）构想性：用户从被动接受信息转变为在虚拟环境中主动探索和创造，可在定性与定量结合的环境中，运用感性认识和理性认识去发现信息、理解概念，并可能产生创新性的思考和构想。

（5）真实性：通过先进的三维建模技术和实时交互技术，可精确地模拟现实世界的物体、环境和物理规律，提供高度逼真的视觉效果和行为响应。

（二）主要技术

虚拟现实技术涉及动态环境建模、实时图形生成、立体显示、传感器、交互设备、空间音频、系统集成、软件开发工具、用户体验优化以及网络与云计算等多个关键技术领域，它们共同构建了功能完备、体验出色的虚拟现实系统。

（1）动态环境建模技术：用于获取实际环境的三维数据，并基于这些数据创建对应的虚拟环境模型。这些模型不仅要准确反映真实世界的几何形状和纹理细节，还要能够实时更新以适应动态变化的场景。

（2）实时三维图形生成技术：包括高效的图形渲染算法、高级光照模型、物理仿真等，以减少虚拟环境在用户交互过程的视觉延迟和不连贯，维持流畅且真实的视觉体验。

（3）立体显示和传感器技术：通过惯性测量单元、光学追踪系统、磁力追踪、超声波追踪、空间音频等技术，用户佩戴使用头戴式显示器等立体显示设备及其他交互设备后，可实时监测和精确追踪用户的头部运动、手部动作乃至全身姿态，模拟人眼对深度和距离的感知，创造出深度感强烈的立体视觉效果。

（4）系统集成技术：基于软硬件接口设计、数据流管理和并发处理技术，将各种硬件设备、软件模块、感知信息和模型有效地整合在一起，确保数据同步、模型标定、数据转换、数据管理、识别与合成等过程顺畅无误。

（5）软件开发工具：提供易于使用的开发环境、编程接口、内容创作工具及优化框架，帮助开发者高效构建、测试和部署应用程序，涵盖3D建模、动画制作、脚本编写、性能分析、跨平台兼容等多个方面。

二、应用现状

（一）教育领域

利用虚拟现实技术可帮助老师打造生动、逼真的学习环境，使学生通过真实感受来增强记忆，相比于被动性灌输，利用虚拟现实技术来进行自主学习更容易让学生接受，这种方式更容易激发学生的学习兴趣。此外，各大院校利用虚拟现实技术还建立了与学科相关的虚拟实验室来帮助学生更好地学习。

（二）设计领域

虚拟现实技术在设计领域已得到推广应用。例如室内设计，人们可以利用虚拟现实技术把室内结构、房屋外形通过虚拟技术表现出来，使之变成可以看得见的物体和环境。同时，在设计初期，设计师可以将自己的想法通过虚拟现实技术模拟出来，在虚拟环境中预先看到室内的实际效果，节省时间的同时降低了成本。

（三）医疗领域

虚拟现实技术可使医生在虚拟空间中模拟出人体组织和器官，一方面可以让医学院学生在其中进行模拟操作，并且能让学生感受到手术刀切入人体肌肉组织、触碰到骨头的感觉，使学生能够更快地掌握手术要领；另一方面主刀医生们可以在手术前建立一个病人身体的虚拟模型，在虚拟空间中先进行一次手术预演，提前排除潜在的风险，减少手术风险。此外，虚拟现实技术也被用于治疗心理和神经疾病，如恐惧症和创伤后应激障碍等。

（四）军事领域

由于虚拟现实的立体感和真实感，在军事领域可将地图上的山川地貌、海洋湖泊、不同类型建筑等数据通过计算机进行编写，将原本平面的地图变成一幅三维立体的地形图，再通过全息技术将其投影出来模拟各种战场环境，让士兵在虚拟环境中进行实战演练，提高作战能力和反应速度。

（五）航空航天领域

由于航空航天是一项耗资巨大，非常繁琐的工程，因此可利用虚拟现实技术和计算机的统计模拟，在虚拟空间中重现了现实中的航天飞机与飞行环境，使飞行员在虚拟空间中进行飞行训练和实验操作，极大地降低了实验经费和实验的危险系数。

（六）娱乐领域

虚拟现实技术最常被提及的应用领域即为影视娱乐领域，其带来了更加沉浸式的观影游戏体验。观众通过佩戴 VR 眼镜或头戴式显示器，可以进入电影的虚拟世界中，并与故事和角色进行互动，这种体验让观众感受到更加真实的场景和情感。在游戏领域它可以让游戏玩家完全沉浸在虚拟的游戏世界中，增强游戏的互动性和真实感。

三、消防中的应用

基于虚拟现实技术，结合消防相关业务场景，可实现以下功能：

（一）应急救援预案

采用 VR 技术建立了消防安全重点单位仿真三维建筑模型，对建筑情况（包括地理位置、周围道路、建筑、水源；建筑内部结构、内部消防设施、功能分区、重点部位、疏散楼梯、防火分区、竖井通道、水管道及流向等）采用仿真技术进行数字化处理，并以此进行数据分析，形成火情分析、单位自救、调度指挥、灭火措施、注意事项等一整套虚拟灭火应急预案。

（二）消防模拟演练

采用虚拟现实技术，对高层建筑火灾、地下商场火灾、化工厂火灾、液化石油气站火灾、油罐火灾及船舶火灾等特定火灾场景的扑救工作进行模拟仿真。通过虚拟火场的设定、灭火战术的选择、灭火行动措施的实施等功能设计，从灭火战术和灭火过程中的具体行动措施两方面，对火场的宏观指挥、现场调度、决定分析能力和具体的灭火技能、消防业务的掌握、突发事故处理能力等内容进行交互式辅助训练教学，并提供综合评判。

利用 VR 技术制定数字仿真场景，提供全视角的可视化火场三维立体视角，运用计算机仿真和虚拟现实技术，将特定火灾现场在数字平台上进行虚拟再现，使用户仿佛置身于真实的火场之中，从而达到训练的目的。消防指战员可模拟多种火灾情景、制定多种进攻路线、观看多种火灾结果并反复进行演练。

（三）消防教育培训

消防安全教育是普及消防科学知识，进行防火知识教育，提高公民的消防安全意识和逃生自救能力，减少火灾对人民的生命和财产危害的重要途径。利用虚拟现实技术进行消防安全教育是一种有效的手段。

通过制作消防器材、装备、车辆的三维模型，利用模型对群众、消防员、抢险救援人员进行培训，能够使各类人员对器材、装备的构造和操作流程进行更深入的学习，从而实现消防知识的深化普及。如对消防器材的工作原理和使用方法提供虚拟现实的教学手段，提供交互式的器材装备辅助训练科目，并可对使用者的操作步骤进行评判。

逃生自救知识是消防安全教育最重要的内容之一，逃生自救训练是民众获得逃生自救知识最有效的途径。虚拟逃生训练通过创建虚拟的火灾环境，以 3D 互动方式模拟火灾发生和发展的过程，让用户身临其境地参与火场逃生训练，可以有效地提高民众的火场逃生能力。

第八节　人工智能技术

人工智能（Artificial Intelligence，AI）指的是试图于深层次掌握智能的内涵，在此基础上形成一种全新的、可以按照人类思维方式做出反应的智能化机器技术，是新一轮科技革命和产业变革的重要驱动力量。在消防领域，人工智能技术可应用于火灾预防、监测预警、应急响应、救援实施等多个环节，助力构建更为高效、精准、安全的现代消防体系。

一、技术概述

（一）组成与特征

1. 人工智能的组成

人工智能的技术框架按照产业生态通常可以划分为基础层、技术层、应用层三大板块。其中，基础层提供了支撑人工智能应用的基础设施和技术，包括存储和处理大规模数据的能力，以及高性能的计算和通信基础设施；技术层提供了各种人工智能技术和算法，用于处理和分析数据，并提取有用的信息和知识；应用层是人工智能技术的最终应用领域，将技术层提供的算法和模型应用到具体的问题和场景中，实现智能化的决策和优化。

（1）基础层：为人工智能系统提供最基本、最基础、最底层的业务服务，包含了人工智能的三大核心要素中的算力和数据，以及运行在硬件资源上的平台软件，即基础硬件、数据资源和平台软件。

（2）技术层：提供各种人工智能技术和算法，用于处理和分析数据，并提取有用的信息和知识。主要包括 AI 框架、AI 算法和应用算法。

（3）应用层：提供文字、音频、图像、视频、代码、策略、多模态的理解和生成能力，可通过应用层具体应用于金融、电商、传媒、教育、游戏、医疗、工业、政务等多个领域，为企业级用户、政府机构用户、大众消费者用户提供产品和服务。

2. 人工智能的特征

人工智能技术具有以下特征：

（1）渗透性：作为一种兼具通用性、基础性和使能性的数字技术，人工智能具备与经济社会各行业、生产生活各环节相互融合的潜能，这种广泛应用于经济社会各领域的特征被定义为通用性技术的渗透性。随着技术的进一步发展，人工智能被越来越多地应用于多元化、综合化场景。渗透性特征决定了人工智能具有对经济增长产生广泛性、全局性影响的能力和潜力。

（2）协同性：人工智能的协同性特征体现在对经济运行效率的提升上。在生产领域，人工智能的应用可以提升资本、劳动、技术等要素之间的匹配度，加强上游技术研发、中游工程实现、下游应用反馈等各个生产环节之间的协同，从而提高运行效率；在消费领域，人工智能可以实现对用户消费习惯与消费需求的自动画像，完成个性化需求与专业化供给的智能匹配，进一步释放消费潜力。

（3）替代性：人工智能可以实现对劳动要素的直接替代。从简单工作到复杂工作，人工智能将持续发挥替代效应，在作为独立要素不断积累的同时，可以对其他资本要素、劳动要素进行替代，其对经济发展的支撑作用也由此不断强化。

（4）创新性：人工智能能实现对人类脑力工作、创造性活动的替代。当下，人工智能已经被广泛应用于药物发现及筛选、材料识别及模拟等科研活动，更是在金融、数字建模、应急救援、音乐绘画等领域被广泛赋予分析决策甚至是创造创新的权利，展现出人类历史上从未有过的来自人类大脑之外的创造力量。人工智能的创新性可以生产出“额外”的知识，增加人类整体智慧总量，从而促进技术进步、提高经济效率。

（二）主要技术

人工智能技术主要范畴如下：

（1）自然语言处理：旨在使计算机能够理解和处理人类语言的自然形式。计算机需要处理的任务包括文本分类、语音识别、机器翻译、情感分析等。自然语言处理是一门融语言学、计算机科学、数学于一体的科学，研究将涉及自然语言，即人们日常使用的语言，所以它与语言学的研究有着密切的联系，但又有重要的区别，核心在于研制能有效地实现自然语言通信的计算机系统。

（2）计算机视觉：用摄影机和计算机代替人眼对目标进行识别、跟踪和测量等机器视觉，并进一步处理为更适合人眼观察或传送给仪器检测的图像。计算机视觉旨在建立能够从图像或者多维数据中获取“信息”的人工智能系统，这里所指的信息指可以用来帮助做一个“决定”的信息。此外，由于感知可以看作是从感官信号中提取信息，所以计算机视觉也可以看作是研究如何使人工系统从图像或多维数据中“感知”的科学。

（3）机器学习：机器学习是人工智能的核心技术之一，涉及大量的数据处理和分析。通过训练计算机来识别和理解数据，从而能够从数据中学习并发现规律和模式。机器学习的技术方法包括监督学习、无监督学习和强化学习等多种类型，每种类型都有其特定的应用场景和优势。

（4）深度学习：源于人工神经网络的研究，含有多个隐藏层的多层感知器就是一种深度学习结构。深度学习通过组合低层特征形成更加抽象的高层表示属性类别或特征，以发现数据的分布式特征表示。与传统机器学习算法相比，深度学习能够自动发现数据中的复杂特征，从而实现更加准确的预测和识别。

二、应用现状

（一）医疗领域

（1）就诊：用于医生和患者之间的交流，帮助医生快速获取病史信息，提高就诊效率；辅助医生进行初步诊断和治疗，减轻医生的工作负担；在医学影像诊断中通过图像识别技术，帮助医生快速准确地定位病变位置，提高诊断准确率。

（2）护理：人工智能技术可应用于监测患者的健康状况，例如通过穿戴式设备、传感器等获取患者的生理参数，结合人工智能算法进行分析实时监测患者的心率、血压、体温等生命体征指标，及时预警并通知护士进行干预处理；人工智能技术也可应用于护理计划的制定和执行，根据患者的病情、治疗方案等信息，智能生成护理计划，并提供相应的护理指导和建议；人工智能技术还可应用于护理风险评估和预测，例如通过分析患者的历史数据、病史、用药情况等，结合人工智能算法进行预测，及时预警护士可能出现的风险，帮助护士采取预防措施，降低医疗风险。

（二）教育领域

通过人工智能技术，教师可以更好地评估学生的学习水平，从而更好地为学生制定个性化的学习计划和教学方案；人工智能技术可以通过分析学生的学习情况，提供更好的学习体验和教学资源，包括课程内容、学习活动、实验和测试；人工智能技术还可以帮助学校更好地管理学生数据和教学资源。学校可以通过数据分析和机器学习技术，更好地监控学生的学习进度和表现，以便及时调整课程计划和教学方案。

（三）纺织领域

纺织企业利用深度学习和计算机视觉技术，对纺织原材料进行识别和分类，从而提高管理效率和减少错误。人工智能技术也可以用于纺织品的设计和生产，例如利用图像识别技术和生成对抗网络技术来创建纺织品的图案和颜色。此外，人工智能技术还可以用于纺织品的检测和质量控制，例如通过计算机视觉技术对纺织品进行检测，自动排除有缺陷的纺织品，提高质量。

（四）炼化领域

炼化领域是工业化生产的重要领域，其中包括石油、天然气等能源的生产和加工，在这一领域中，人工智能技术也逐渐得到了广泛的应用。首先，人工智能技术能够提高生产效率和质量，例如通过应用预测分析技术实现对生产过程的优化和控制，从而避免生产故障和减少能源消耗。其次，人工智能技术还可以用于改进安全管理，例如通过使用智能监测系统来监测设备状态和操作环境，及时预测和避免可能发生的安全事故。

（五）金融领域

人工智能技术在银行业的应用正逐渐扩大，为银行业带来了更高效、更精准和更便捷的服务。其中，机器人客服是最常见的应用之一，它以人工智能技术为基础，以自然语言处理和语音识别技术为核心，能够与客户进行智能对话，可通过语音识别技术，快速、准确地识别客户的需求，自动推送相关信息，提高服务效率。同时，还可进行语义分析，从而更好地理解客户需求，给出更加个性化、精准的回复。

另外，人工智能技术还可以用于银行的风险控制和反欺诈，通过对大数据的分析和处理，可以更好地发现和预测风险，防止银行业务的风险发生。例如通过对客户信用记录、交易记录等数据的分析，可以更好地评估客户的信用风险，从而更好地制定信贷政策。同时，人工智能技术还可以在反欺诈方面发挥作用，例如通过对交易行为的识别和分析，可以及时发现和防止欺诈行为的发生。

（六）餐饮领域

借助人工智能技术，可根据用户的口味、偏好和过去的点餐记录自动推荐适合的菜品和食谱；通过分析订单和消费数据，预测菜品的销售情况和消费热点，系统可以自动计算每道菜品的食材用量和配餐量，帮助餐厅管理人员更好地制定菜单和采购计划，减少浪费和成本。此外，根据用户的饮食偏好、身体情况和营养需求，可自动生成菜品和食谱，并提供相应的营养分析和建议，以改善用户的饮食习惯和健康状况，提高用户的满意度和忠诚度。

三、消防中的应用

基于人工智能技术，结合消防相关业务场景，可实现以下功能：

（一）火灾监控预警

人工智能技术在消防监控领域的应用，显著提升了火灾预警的准确性和时效性。通过部署智能摄像头和传感器，AI 系统能够实时监控火灾隐患点，对烟雾、温度等异常变化进行精准识别。一旦检测到火灾迹象，系统将立即启动预警机制，自动发送报警信息至消防部门，为火灾扑救赢得宝贵时间。

（二）智能分析决策

AI 技术在消防数据分析方面展现出强大的能力。通过对历史火灾数据、消防设备状态、消防人员调度等信息的深入挖掘和分析，AI 系统能够预测火灾发生的概率和趋势，为消防部门提供科学的决策依据。同时，系统还能根据火灾现场的实时情况，自动制定最优的救援方案，指导消防人员进行高效、安全的灭火作业。

（三）智能装备救援

人工智能技术的引入，使得消防装备和救援手段更加智能化和高效化。智能消防机器人能够代替消防人员进入危险区域进行侦查和灭火，有效保障消防人员的安全。同时，无人机等新型装备也被广泛应用于火灾现场的侦查和救援工作，为消防部门提供了更加全面、立体的信息支持。

（四）消防培训演练

AI 技术为消防培训和演练提供了新的途径。通过构建虚拟的火灾场景，AI 系统能够模拟真实的火灾环境，为消防人员提供逼真的训练体验。此外，系统还能根据消防人员的表现，自动评估其技能水平和不足之处，为个性化培训提供有力支持。

参考文献

[1] 王文利，杨顺清. 智慧消防实践[M]. 北京：人民邮电出版社, 2020.

[2] 胡祎. 地理信息系统（GIS）发展史及前景展望[D]. 北京：中国地质大学（北京）, 2011.

[3] 杨柳. 基于云计算的 GIS 应用模式研究[D]. 郑州：河南大学, 2011.

[4] 艾丽双. 三维可视化 GIS 在城市规划中的应用研究[D]. 北京：清华大学, 2004.

[5] 李爽. 基于云计算的物联网技术研究[D]. 合肥：安徽大学, 2014.

[6] 魏立明，吕雪莹. 物联网技术研究综述[J]. 数码世界, 2016(8): 36-37.

[7] 陈丹. 计算机视觉技术的发展及应用[J]. 电脑知识与技术, 2008, 4(35): 2449-2450, 2452.

[8] 方巍，郑玉，徐江. 大数据：概念、技术及应用研究综述[J]. 南京信息工程大学学报（自然科学版）, 2014, 6(5): 405-419.

[9] 陈岩. 关于云计算技术及其应用的探讨[J]. 黑龙江科技信息, 2013(25): 172.

[10] 袁勇，王飞跃. 区块链技术发展现状与展望[J]. 自动化学报, 2016, 42(4): 481-494.

[11] 石宇航. 浅谈虚拟现实的发展现状及应用[J]. 中文信息, 2019(1): 20.

[12] 王孝春，唐生. 人工智能技术与应用与分析[J]. 数字技术与应用, 2024, 42(1): 101-103.

[13] 徐娟. 计算机虚拟现实技术在消防数字预案中的应用[J]. 电脑知识与技术（学术交流）, 2007(13): 199-200.

[14] 刘久康. 物联网技术在消防领域的应用探讨[J]. 武警学院学报, 2012, 28(2): 20-22.

[15] 韩丹，吴大洪. 物联网技术在消防信息化建设中的应用[J]. 消防科学与技术, 2012, 31(3): 3.

[16] 曾颖，汪青节. 虚拟现实技术在消防中的应用[J]. 消防科学与技术, 2006, 25(B3): 2.

第四章

智慧消防场景

第一节　概述

一、场景概念

“场景”一词最早出现于戏剧或影视剧中，是指戏剧或影视剧中构成整体故事的一系列具体画面。其原理是从人物行为的角度出发来理解和探索人类的生活情景。随着媒体的发展，社会及传播学越来越意识到场景在人与外界信息交流时的重要性和作用，场景的内涵也在不断扩充与发展。2014 年，美国记者罗伯特在《即将到来的场景时代》中首次提出“场景”是获取用户信息、对用户进行实时精准的信息传播和服务的重要渠道。

场景理论是伴随着场景概念出现的商业理念。随着移动互联网技术的普及与发展，这种“场景思维”已经越来越多地运用于如广告营销、新媒体传播、互联网、物联网、人工智能等商业服务领域，并一直发挥着重要作用。因此国内外学者将这种运用“场景思维”进行商业服务构建和设计的方法论称为场景理论。根据目前的商业实践和发展经验，场景理论可以总结为企业从用户所在场景角度了解和解读用户需求，并进行精准服务与信息配适，通过塑造较高的服务体验和服务转化率，从而帮助企业获得口碑和商业利润的商业发展理念。

场景是产品设计系统中一个非常重要的元素，它可以描绘出某个时间、某个地点发生的一系列的故事。单纯抽象地评价一个产品有没有用是没有价值的，一定要将其放在特定的使用场景里进行考察。在不同的使用场景中，人的心理状态会因为物理环境、社会环境的不同而变化，进而产生不同的行为。场景是需求和行动的具象化描述，是连接问题需求与技术应用的关键桥梁。

为了清晰准确地构建智慧消防场景，本书引入了场景要素模型理论，为后续应用场景的多维度分析提供理论基础。图 4-1 是以“用户体验”为中心的场景三要素模型，由图可知，场景是空间、内容和时间三要素以“用户体验”为中心的组合与适配，通过实现场景与用户的连接与互动创造并传递价值。

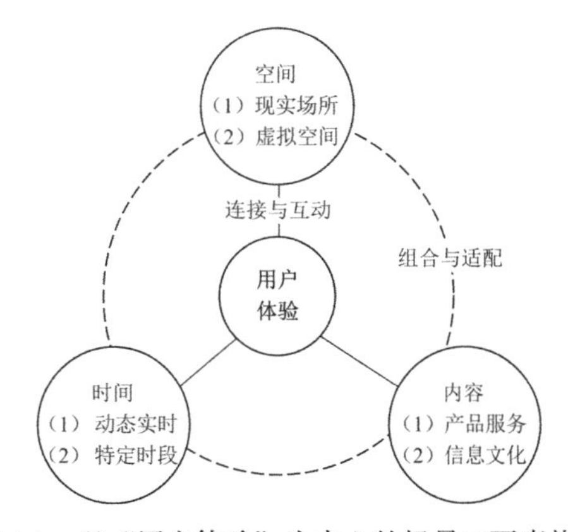

图 4-1　以“用户体验”为中心的场景三要素模型

1. 空间要素

空间要素包括现实场所和虚拟空间两个子要素。

现实场所是建筑在实体世界中基于地理位置、设计理念、功能需求、材料运用以及空间规划等要素所构建的空间形态与整体环境，涵盖了从建筑物的外观设计、内部结构到功能布局、装饰风格，以及其与周围环境的融合程度等方面。虚拟空间是企业基于数字化技术在场景系统中构建的用户操作界面或情境化的虚拟互动空间。

通过虚拟空间，用户可以在虚拟环境中进行预览和体验，对建筑有更深入的了解和认识。虚拟空间通过三维建模、虚拟现实（VR）、增强现实（AR）等技术创建数字化建筑模型，用户可以在这些模型中进行交互操作，体验建筑的空间布局、光影效果、运行状态等。虚拟空间不仅能够为用户提供更加直观、生动的建筑展示方式，还能在建筑设计、施工、运营等阶段提供有效的辅助和决策支持。

2. 时间要素

时间要素包括特定时段和动态实时两个子要素。

特定时段是指季节、节假日、纪念日、时段（如上下班、睡前）等能够表达行为习惯或特定文化的固定时段。建筑的动态实时是指建筑物在使用过程中的实时状态，包括其内部环境的变化、设施设备的运行状态、人流物流的动态分布等。这些状态随着时间和空间的推移而不断发生变化，呈现出不确定性和持续性的特征。例如建筑物的室内温度、湿度、空气质量等环境因素会随着外界气候和内部设备的使用情况而实时变化；电梯、空调、照明等设施设备的运行状态会随着使用需求和设备维护情况而不断变化；而建筑物内部的人流和物流分布则会随着时间和空间的变化而不断变化。

3. 内容要素

内容要素包括产品服务和信息文化两个子要素。

产品服务是智慧消防在各类场景中应用的科技产品或服务形式，例如智能火灾预警系统、远程监控服务等。这些不仅满足了消防部门对于火灾防控的基本需求，还通过技术创新和升级，为用户传递了更高的安全性和便利性，体现了企业对于用户生命财产安全的深度关怀。

信息文化是智慧消防为了实现公共安全教育和火灾防控知识的普及，通过各类科技平台、互动体验等方式向公众传递的消防知识、安全意识或公共安全价值观。这些信息不仅增强了公众的消防安全意识，也提升了消防部门与公众之间的信息交互和沟通效率，为构建安全、和谐的社会环境做出了积极贡献。

场景要素模型理论将场景的所有元素囊括在时间、空间和内容三个要素中。这三个要素作为一个统一的整体，对智慧消防在特定场景中的应用效果和用户的安全体验起到了决定性的作用。通过对智慧消防场景要素模型的解构和阐释，我们可以更精准地理解和定位影响用户安全体验的各个场景要素（图 4-2）。

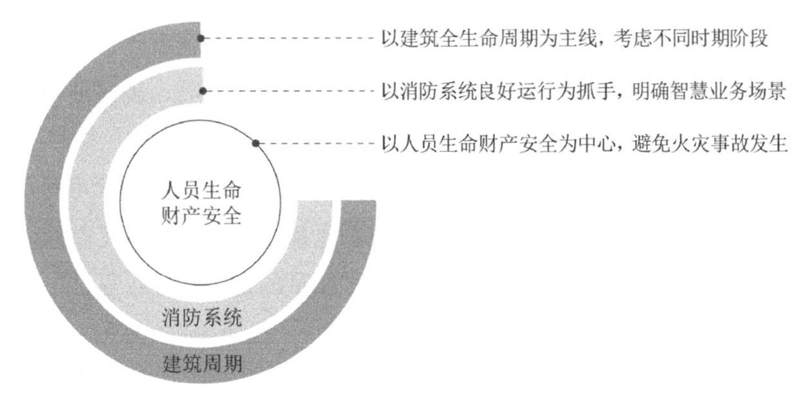

图 4-2　智慧消防场景要素

在智慧消防的场景构建中，可以从时间、空间和内容三个维度出发，考虑如何对各场景要素进行创新和组合。在时间维度上，可以考虑如何利用技术手段进行特定时段和动态实时的监控预警，提升火灾风险防控效率。在空间维度上，可以考虑如何根据建筑物的特点和消防安全需求，合理布置消防设备和传感器，实现空间上的智能化管理和控制。在内容维度上，可以考虑如何更新换代新型消防产品设备，向用户提供更丰富、更先进的消防安全体验，提升消防安全保障能力。

二、场景分析

随着信息技术的快速发展，智慧消防作为提升消防工作效能、保障公共安全的重要手段，受到广泛关注和推广应用。智慧消防场景指的是智慧消防技术在实际消防安全工作中的应用范围和场合。分析智慧消防场景是智慧消防技术应用的重要环节，科学合理地应用场景分析可最大化发挥智慧消防技术的优势，实现消防工作的智能化和高效化，提升消防安全工作水平。

智慧消防须应用于实际消防工作中，故其首要任务在于深入理解并准确把握我国消防工作体系。我国消防工作是一项由政府统一领导、部门依法监督、单位全面负责、公民积极参与、专业队伍与社会各方面协同、群防群治的预防和减少火灾危害并开展应急救援的专门性工作。消防工作的各个环节是分析智慧消防场景的切入点，通过分析消防业务需求，引入信息技术，以解决消防工作的难点、痛点问题，提升消防工作效率，保障消防安全。

智慧消防场景的分析思路应以保护人员生命财产安全为目的，以建筑全生命周期为主线，从消防设计审查到施工验收，再到建成后的运行维护以及灭火救援，深入分析消防工作的内容流程，识别并梳理数字技术、信息技术的可能应用场景，剖析其背后的技术逻辑和社会价值，进而对智慧消防技术应用进行深入理解，并对智慧消防建设进行理论指导（图 4-3）。分析思路的核心在于将智慧消防技术融入至建筑消防安全工作的全生命周期，各个阶段应用说明如下：

（1）消防设计审查阶段：在这一阶段，通过智能辅助消防设计，准确评估建筑火灾风险水平，并根据评估结果优化消防设计方案。通过消防设计自动审查，快速发现可能存在的消防设计问题，不仅提高了审查效率，还降低了人为因素影响，确保消防设计方案的准确性和合理性。

（2）消防工程施工验收阶段：在施工验收阶段，利用智慧消防技术可对消防工程材料设备进行全面的质量检测，及时发现并解决潜在的质量问题，避免返工整改。同时还能对消防工程施工过程进行实时监控和评估，确保施工质量的稳定性和可靠性。另外，在消防工程智能化验收方面，也有着巨大的技术潜力。

（3）消防系统运行维护阶段：智慧消防技术可以应用于消防安全的智能化运行和维护，通过实时监测和数据分析，及时发现和解决建筑潜在的消防安全隐患，确保消防系统正常运行。在建筑消防安全监管方面也可以应用智慧消防技术，提升监管效率和精度，及时发现和解决问题，保障建筑消防安全水平。

（4）灭火救援应急响应阶段：在灭火救援过程中，智慧消防技术能够为消防人员提供更准确的火灾信息和救援指导，快速制定灭火救援方案，提供科学合理的救援策略，从而提高灭火救援的效率和成功率。此外，智慧消防技术还可以在火灾事故发生后，为事故调查和分析提供有力支持，帮助找出事故原因，总结经验教训，为今后的消防工作提供参考。

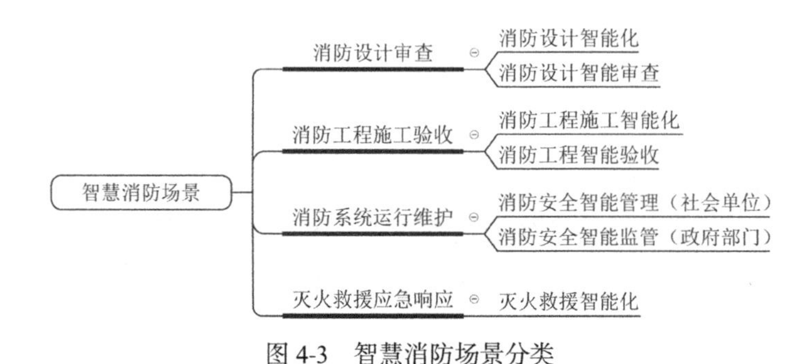

图 4-3　智慧消防场景分类

综上所述，构建智慧消防场景需要综合考虑实体空间和虚拟空间的建设、新技术的应用以及用户参与等因素。通过构建基于特定技术需求的用户空间，可以实现智慧消防技术在消防工作中的广泛应用和深度融合，从而提高消防工作效能和公共安全水平。

第二节　消防设计智能化

一、业务介绍

建筑消防设计的目的是在建筑设计中合理地确定建筑的消防安全设防标准，采取科学合理的防火技术措施，降低火灾发生的可能性；保证建筑内的人员在火灾情况下能够安全疏散，为消防救援人员安全、快速扑救火灾创造有利条件；控制火灾的蔓延范围，以减少因火灾所致人员伤亡、财产损失、环境危害以及生产、生活和商业受影响所产生的损失，实现建筑防灾减灾。

建筑消防设计工作是由具有消防设施专项设计资质的公司，按照消防技术标准要求进行消防设计。建设单位应当委托具有相应资质的设计单位进行消防专业设计，并提供真实、准确的基础资料。建设单位依法对建设工程消防设计质量负首要责任。设计单位应按照工程建设强制性标准进行设计，并对其设计的质量负责。注册执业人员应当在设计文件上签字，对设计文件负责。设计单位在设计文件中选用的建筑材料、建筑构配件和设备，应当注明规格、型号、性能等技术指标，其质量要求必须符合国家规定的标准。设计单位应当参与建设工程质量事故分析，并对因设计造成的质量事故，提出相应的技术处理方案。

建筑消防设计的主要内容包括：

（一）总平面布局设计

（1）合理确定建筑方位，避免形成火灾的次生危害。

（2）根据建筑的类别和高度、使用性质及其火灾危险性、建筑的耐火等级等因素，合理确定所设计建筑与周围建（构）筑物的防火间距。

（3）规划和设置消防车道、消防救援场地（主要为消防车登高操作场地），包括确定消防车道与周围交通道路、消防救援场地的关系与连接方式，消防车道的转弯半径、坡度和宽度，消防救援场地的坡度和大小等。

（二）建筑的平面布置与被动防火设计

（1）合理规划建筑内不同火灾危险性和使用用途场所的布置位置，处理好不同场所与相邻空间以及安全疏散和避难系统的关系。

（2）确定合适的建筑耐火等级，进行建筑的耐火性能和防火保护设计。

（3）结合平面布置和使用功能需要合理划分防火分区和防火分隔。

（4）根据建筑的类型、高度和使用性质及其内部不同场所的用途、通风条件和消防设施设置情况等，确定建筑内地面、顶棚、墙面等不同部位的装修材料和家具、装饰品等的燃烧性能。

（5）针对建筑的用途和高度，确定外幕墙的材料和防火构造、外墙内保温或外保温系统和屋面保温系统中保温材料的燃烧性能与保温系统的防火构造。

（6）对于有爆炸危险性的建筑或场所，根据该场所内的爆炸危险性物质的特性和数量确定预防形成爆炸环境、抑制发生爆炸、减小发生爆炸后爆炸压力破坏作用的技术措施。

（三）消防给水、灭火系统等主动防火系统的设计

（1）消防给水系统设计。

（2）自动灭火系统、室内和室外消火栓系统的设计。

（3）灭火器和其他灭火器材的配置。

（4）火灾自动报警系统设计，包括火灾探测系统、火灾探测报警系统、消防联动控制

系统、应急广播系统、电气火灾监控系统和消防控制室的功能设计等。

（5）烟气控制系统设计，包括划分防烟分区，确定防烟和排烟系统的设置场所，设置排烟口、送风口和补风口，确定和布置排烟、送风、补风管道，计算和确定加压送风量、排烟量和补风量，布置排烟、送风或补风机房等；消防泵房及消防供配电系统设计，包括泵房布置、消防电源的负荷等级确定、消防配电线路选型与敷设等。

（四）安全疏散与避难系统设计

针对不同建筑内使用人员的特征和预计疏散人数，确定足够的疏散门、疏散走道和疏散楼梯以及必要的避难场所，包括计算疏散人数、确定安全出口和疏散门的数量与位置、规划疏散路径、确定疏散距离和每个疏散门或疏散楼梯及疏散或避难走道的宽度、选择和设置消防应急照明与疏散指示系统、确定避难间或避难区的位置和使用面积等。

（五）建筑灭火救援保障设施的设计

确定灭火救援窗的位置和形式，设置消防电梯、应急排烟排热窗、灭火救援专用通道和消防通信设施，屋顶直升机停机坪或救助设施设计、消防水泵接合器布置等。

（六）电气等火灾预防措施设计

非消防供电线路的选型和敷设防火设计，电气设备和高温、明火使用部位或器具的布置和防火保护措施设计、室内变压器的选型等，供暖、通风和空气调节系统的防火设计等。

二、场景说明

（一）概念

消防设计智能化是利用人工智能、大数据、机器深度学习等新兴技术，对消防设计流程、设计决策、风险评估等环节进行智能化辅助支持，以提高设计效率、优化设计方案、降低火灾风险，最终实现建筑消防安全目标的过程。

（二）应用价值

1. 提高设计效率和质量

随着建筑规模的扩大和复杂度的增加，传统的消防设计方法已难以满足高效、高质量的设计需求。人工智能和信息技术的应用，可以快速准确地获取设计所需的各类信息，大大提高设计效率和质量，减少人工错误和遗漏。

2. 增强设计安全性和可靠性

建筑消防设计直接关系到建筑的安全性和人员的生命安全。人工智能等信息技术的应用可以对设计方案进行全面的风险评估和优化，提高设计的安全性和可靠性。

3. 适应不断变化的标准和规范

随着消防标准和规范的不断更新和升级，传统的消防设计方法难以快速适应这些变化。人工智能等信息技术的应用可以帮助设计师快速适应新的标准和规范，提高设计的灵活性和适应性。

（三）具体应用

1. 消防设计三维可视化

通过利用三维建模先进技术，将传统二维的图纸转化为三维的模型，使设计人员不再局限于平面图、立体图和剖面图的想象，而是可以任意角度地观察、绘制和修改模型，使整个消防设计过程更加明了直接，最大限度地减少传递信息过程中的失真情况，有效确保信息的有效性与完整性。此外，消防设施设计主要是在建筑和结构的基础上进行，会随着建筑结构的修改而修改，故借助三维可视化技术可使修改工作更加简单，操作性强。

三维设计软件种类繁多，而在建筑三维建模领域，SketchUp 和 3Ds Max 两款软件尤为突出。

1）SketchUp

SketchUp，以其强大的工具集和出色的用户友好性，在建筑三维建模领域占据了重要地位。该软件能够便捷地生成 2D 绘图或 3D 模型，并且提供了丰富的预建模建筑组件和家具，从而大大简化了建模流程。SketchUp 在操作体验上远超同类软件，成为众多用户在室内建筑建模中的首选（图 4-4）。

图 4-4　基于 SketchUp 软件的建筑三维效果图

2）3Ds Max

3Ds Max 具有丰富的功能和工具，用于创建逼真的虚拟场景、角色动画和建筑模型，被广泛应用于电影、电视、游戏开发和建筑行业等领域。其具有出色的建模能力和灵活的插件架构，通过使用该软件，建筑师可以更好地展示他们的设计概念，可以在 Microsoft Windows 系统上使用（图 4-5）。

图 4-5　基于 3Ds Max 软件的建筑三维效果图

2. 消防设计协同综合

协同综合设计是指一个完整的组织机构共同来完成一个项目。建筑、结构、给水排水、暖通、电气的信息和文档均从创建时起就放置到一个共享平台上，供项目组所有成员查看和使用，从而实现设计流程上下游专业间的“提资”。在传统 CAD 平台工作时，各个专业在各自的图上绘制，互相之间缺乏了解沟通，尤其是在进行消防给水管道设计时，需要结合建筑结构资料，较为复杂，很可能在项目完成时发现管线碰撞、穿梁等问题，调整起来很繁琐，影响工作质量。而在智能化设计模式下，所有的数据信息都会在建筑信息模型中汇总，三维直观的消防系统反映的是空间状态，设计师既可以在绘图过程中直观观察到碰撞冲突，又可在绘图后期利用软件进行碰撞检查，检测内容及时反馈给各专业设计人员以进行调整和修改。各专业可随时改动并通知其他专业，其他专业重新链接一下即可完成底图替换工作。根据这个建筑信息模型来开展消防专业设计工作，不仅可以简化工作模式，还能增强工作的协同性。

在建筑行业的信息管理和协同工作领域，BIM 软件能够创建和管理建筑项目的三维模型和相关信息，集参数化建模、协同设计、碰撞检测、成本估算等功能于一体，可以更好地支持建筑设计、施工和运营等各个阶段的工作。常见的 BIM 软件有 ArchiCAD、Revit、Navisworks 等。

1）ArchiCAD

ArchiCAD 是一款专为建筑师和设计师精心打造的 BIM 软件，优势在于其能够智能创建虚拟建筑模型。这一模型将项目的视觉呈现与数据信息完美融合，为建筑师提供了一个全新的视角。通过这种基于模型的方法，建筑师们能够高效地探索各种设计方案、模拟建筑的实际性能，并生成精确的施工文档。

除此之外，ArchiCAD 还配备了 BIMx 功能，支持交互式 3D 演示，向用户更加直观地展示设计理念。同时，它还支持 Open BIM 功能，实现与其他软件平台的无缝对接，进一步提升了其在建筑设计领域的竞争力（图 4-6）。

图 4-6　ArchiCAD：实现实时 3D 建模的常用 BIM 工具

2）Revit

Autodesk 公司开发的 Revit 是建筑领域中备受推崇的 BIM 软件。它集设计、记录与项目管理等关键功能于一身，为建筑师提供了强大的工具集。Revit 的核心亮点在于其参数化建模功能，该功能使建筑师能够创建智能化的 3D 模型，精准捕捉建筑元素的几何形态与数据信息。在 Autodesk 的鼎力支持下，Revit 还汇聚了丰富的第三方插件与库资源，为建筑师拓展了更为广泛的功能边界（图 4-7）。

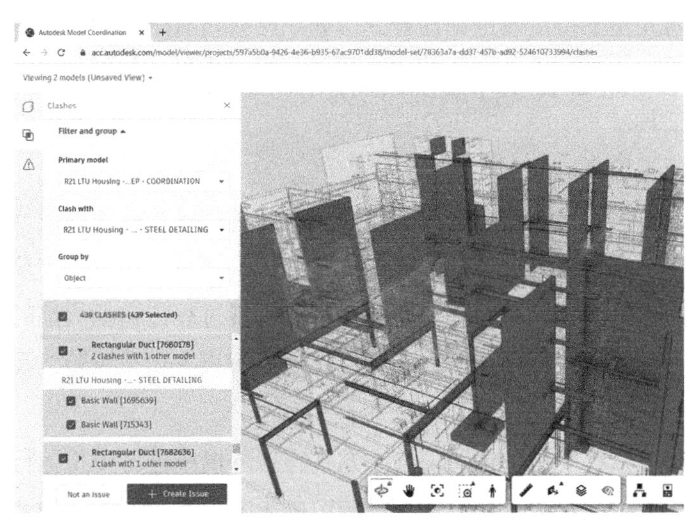

图 4-7　Revit：实现参数化设计的常用 BIM 工具

3. 消防设计自动化

利用智能化技术进行消防自动化设计是提高效率和质量的重要途径，使消防设计过程更加高效、精确，为设计师提供更多的创意和灵感。在消防设计过程中，首先，设计师可以通过输入建筑的基本信息、结构特点和使用需求等指令，引导系统构建建筑的数字模型，这些信息包括建筑的平面布局、楼层高度、出入口位置、人员密度分布等。系统通过收集和分析这些数据，建立起建筑的虚拟模型，为后续的消防自动化设计提供基础。其次，设计师可以设置消防安全标准和设计要求等参数，系统根据国家消防标准数据库及自定义输入的参数要求，利用预设的算法和模型进行智能化计算和分析，生成初步的消防设计方案。最后，设计师可以对生成的设计方案进行查看和评估，调整参数和指令以进一步优化设计方案。例如由欧特克公司推出的 Architecture 工具组合提供了省时功能和任务自动化，显著提升了建筑设计和绘图效率。品览科技公司推出 AI 智能绘图，自动排布楼梯、绘制各专业施工图纸，在符合设计标准的同时，节省了大约 90%的时间，大大提升了消防设计效率。

4. 消防设计评估优化

利用消防设计智能化系统，可以将各类消防设计数据、建筑信息和历史火灾数据等整合到一个统一的平台上，实现信息的集中管理和智能分析。这一系统利用云计算的强大数据处理能力，能够高效地进行数据挖掘和分析，从而识别消防设计中的潜在风险和问题。

例如通过对历史火灾数据的深入分析，可以发现火灾发生的规律和趋势，进而精准地评估建筑消防设计中存在的隐患问题，为设计师提供有力的辅助支持，帮助其优化设计策略，提高消防安全性。此外，智能化系统还能够帮助设计师更好地理解和应对复杂的消防设计难题，通过对大量实时数据的分析和处理，系统能够提供及时的预警和建议，帮助设计师及时调整设计方案，确保建筑的消防安全性达到最优状态。利用消防设计智能化系统，不仅可以提高消防设计的效率和准确性，还可以为设计师提供更深入的数据分析和决策支持，从而实现建筑消防安全的持续改进和提升。例如小库科技有限公司开发集成了人工智能、大数据和智能显示等多种先进技术的智能设计云平台，为设计师提供了设计方案量化评价和优化的智能化工具。

5. 火灾场景模拟仿真

利用火灾场景模拟和仿真技术进行建筑消防设计优化是当前消防设计领域的重要发展方向。利用智能化系统创建火灾场景的虚拟模拟和仿真环境，通过火灾蔓延趋势分析算法模拟出火灾在不同建筑结构、材料和环境条件下的发展过程，包括火焰的蔓延速度、烟雾的扩散路径、人员疏散路径等，帮助设计师更好地理解火灾动态风险，及时发现潜在的缺陷和改进空间，为消防设计提供科学的依据。

另外，设计师可以将不同的消防设计方案在虚拟环境中进行模拟运行，观察火灾发展的过程和影响，以评估其对火灾扑救和人员疏散的影响效果。通过这种消防安全性验证，设计人员可以快速评估不同设计方案的有效性，及时发现存在的问题，并进行相应的优化和调整，确保建筑消防安全性能达到最佳水平。

由美国标准技术研究院（NIST）研发的 PyroSim 是专门用于消防动态仿真模拟的软件（图 4-8）。它是在 FDS（Fire Dynamic Simulation）的基础上发展起来的。软件以计算流体动力学为依据，可以模拟预测火灾中的烟气、一氧化碳等毒气的运动，以及温度和浓度等情况；软件可以模拟的火灾范围很广，包括日常炉火、房间、接电设备引起的各种火灾形式；软件可以方便快捷地建模，并支持 DXF 和 FDS 格式的模型文件的导入。

图 4-8　PyroSim 软件模型截图

第三节　消防设计智能审查

一、业务介绍

建设工程消防设计审查是依据相关法律规定、行业标准、消防设计规范等，在施工前对建设工程消防设计文件及工程相关资料进行审查，目的是从源头上消除可能存在的建设工程火灾隐患，避免先天性火灾隐患的形成，这是保证建设工程消防安全的重要措施。

根据住房和城乡建设部2023年8月21日发布的《建设工程消防设计审查验收管理暂行规定》，建设工程分为两类：第一类是特殊建设工程实行消防设计审查、消防验收；第二类是其他建设工程实行消防验收备案、抽查的制度。

建设单位负责申请消防设计审查，由消防审验主管部门按照相关法律、法规和国家工程建设消防技术标准对特殊建设工程的消防设计图纸和资料进行审核，属于行政许可事项。通过消防设计审查，有利于强化建设、设计、施工、监理单位等工程建设责任主体的安全责任意识，提高对建筑消防工作的重视程度，从源头上消除火灾隐患。

消防设计审查验收主管部门可委托具备相应能力的技术服务机构开展特殊建设工程消防设计技术审查，并形成意见或者报告，作为出具特殊建设工程消防设计审查意见的依据。提供消防设计技术审查的技术服务机构，应当将出具的意见或者报告及时反馈消防设计审查验收主管部门。意见或者报告的结论应清晰、明确。

消防设计审查工作内容一般包括消防设计资料审查和消防设计技术审查。

（一）消防设计资料审查

消防设计资料审查主要包括《特殊建设工程消防设计审查申请表》，政府有关部门的项目批准文件及附件、消防设计文件、专家评审意见书，以及《建设工程消防设计技术审查意见书》《建设工程消防设计技术审查记录表》等相关合法性证明材料。

（二）消防设计技术审查

消防设计技术审查包括合规性审查和技术性审查。

合规性审查包括消防设计文件资料、规划建设证明文件、施工图设计文件加盖图章和签章情况。技术性审查包括特殊消防设计技术资料、设计依据、编制深度、评审程序、执行国家工程建设消防技术标准情况、建设工程消防设计存在的具体问题及其解决方案的技术依据、建设工程的消防安全性和可靠性。

消防设计技术审查的重要工作之一就是消防设计图纸的审查。基于现行标准规范和行政规章，将消防设计图纸审查内容进行详细分类。

1. 建设工程类别、建筑的耐火等级、平面布置和总平面布局

（1）建筑工程类别：根据建筑物的火灾危险性、使用性质、扑救和疏散难度、层数、

建筑高度等要素，核对建筑物的分类是否准确。

（2）建筑的耐火等级：根据消防设计说明提供的建筑物构件的构造及燃烧性能、耐火极限核对建筑耐火等级。

（3）防火间距：根据建设工程类别、耐火等级等条件核对建（构）筑物满足防火间距的情况。

（4）消防车道：建设工程的消防车道设置情况，车道的净宽、净高、转弯半径、坡度等。

（5）消防登高面：建设工程的登高面设置部位和登高场地的设置情况。

（6）消防水泵房的设置位置是否符合规范要求。

（7）消防控制室的设置位置是否符合规范要求。

（8）歌舞娱乐放映游艺场所、儿童活动场所、人员密集场所等在建设工程中设置的楼层、部位是否符合规范要求。

2. 建筑构造

（1）防火分隔：根据建设工程类别、耐火等级核查建设工程最大允许建造层数，防火分区最大允许建筑面积的确定，核查防火分区的划分部位及防火分隔设施类型。

（2）建筑防爆：核查危险区域划分，危险区域范围的确定，泄压面积大小、泄压口位置等泄压设施的设置情况，防爆电气设备的选型。

（3）核查人员密集场所、歌舞娱乐放映游艺场所、儿童活动场所等用房的防火分隔情况。

（4）核查消防水泵房的防火分隔情况。

（5）核查消防控制室的防火分隔情况。

3. 安全疏散和消防电梯

（1）直通室内外安全区域的安全出口和疏散楼梯数量。

（2）疏散通道：核查走道的宽度、最大疏散距离。

（3）避难层（间）：核查设置的楼层及位置、面积，通向避难层（间）的楼梯设置情况。

（4）消防电梯：核查消防电梯的设置位置和数量。

4. 消防给水

（1）消防用水水源：利用天然水源的，应核查天然水源的水质、水量、取水设施的设计说明；设置消防水池的，核查设置位置，根据设计的灭火用水量、火灾延续时间和水池的补水情况核对容量；由市政给水管网供水的，根据设计的灭火用水量核查供水管径、供水管数量及供水能力。

（2）室外消防给水系统：核查室外消防管网的布置、管径、进水管数量，室外消火栓的数量和设置位置。

（3）室内消火栓系统：核查系统图、平面布置图，核对泵组的数量、流量、扬程，水泵接合器的数量。

5. 自动消防设施和灭火设备

（1）自动喷水灭火系统：核查系统选型，查看系统图、平面布置图，核对泵组的数量、流量、扬程，水力报警阀组的选型、数量，水泵接合器的数量。

（2）气体灭火系统、泡沫、干粉、水喷雾等其他灭火系统。

（3）防烟设施、排烟设施。

（4）供暖、通风和空气调节。

（5）灭火器。

6. 消防电气

（1）消防电源：核查消防用电负荷，供电形式。

（2）应急照明和疏散指示标志：核对设置的位置、数量，供电的时间。

（3）火灾自动报警系统：核查系统形式，查看系统图、平面图，核对各部位的探测器选型。

7. 热能动力

室内燃料系统：核查室内燃料系统的种类、管路设计及敷设方式、燃气用具安装等，核查锅炉房、变压器室、配电室、柴油发电机房、集中瓶装液化石油气间等动力站房的设置位置、防火分隔、安全疏散和灭火设施设置情况。

8. 建设工程内部装修

核对装修工程的建筑类别、规模、性质，核查各部位装修材料的燃烧性能等级；查看平面布局是否对安全疏散产生影响。

9. 消防产品及建筑构件、材料

选用的消防产品及有防火性能要求的建筑构件、建筑材料是否做出说明，是否注明规格、性能等技术指标等。

（1）审查防火墙、防火隔墙、防火挑檐等建筑构件的防火构造是否符合规范要求。

（2）审查排烟道、管道井、电缆井、电梯井、排气道、垃圾道等井道的防火构造是否符合规范要求。

（3）审查屋顶、闷顶和建筑缝隙的防火构造是否符合规范要求。

（4）审查建筑外墙和屋面保温、建筑幕墙的防火构造是否符合规范要求。

（5）审查建筑外墙装修及户外广告牌的设置是否符合规范要求。

（6）审查天桥、栈桥和管沟的防火构造是否符合规范要求。

二、场景说明

（一）概念

消防设计智能审查是依据消防技术标准，利用人工智能、机器学习等技术，对消防设计图纸进行自动化解析和分析，识别潜在的问题和不合规之处，指出存在的问题，向审查人员提供及时反馈和建议，以提高审查的效率和准确性，减少人为错误和遗漏，确保建筑消防设计的合规性和安全性。

（二）应用价值

消防设计审查是建设工程施工图审查的重要组成部分，是实现建筑安全性和功能性的重要保证。基于消防设计审查工作长期存在的问题，以及职能转移后的工作开展情况，梳理目前消防设计审查工作主要难点：

（1）消防设计标准技术要求繁多，审查工作难度较大，导致审查效果不佳。

（2）消防设计审查专业人员数量不足。

（3）消防设计与其他事项联合审查处于探索阶段，各专业协同性较差。

（4）消防设计审查、验收、应急之间缺乏信息共享联动。

基于此，创新消防设计审查模式，运用BIM、知识图谱等信息技术，实现建筑消防设计的自动化、智能化审查，有效解决建筑消防设计审查过程中的难点问题，保证建筑消防设计审查的快速性、准确性、科学性和规范性，推动自动审查和建筑防火设计方法的优化升级。

利用信息技术加强了建设工程消防行政职能之间的信息协同，压缩了建设工程消防设计审查流程，优化了营商环境，保障了人民群众生命财产安全。

建筑消防设计智能化审查技术方法也可应用于建筑行业其他领域（如电气设计、暖通设计等）专业智能审查工作，促进整个建筑行业信息化、数字化、智能化发展。

（三）具体应用

1. 消防设计审查知识库

利用自然语言处理和机器学习等技术，构建一个集成各类消防设计规范和标准的规则知识库，这一知识库不仅集成了全国甚至全世界的消防设计规范和标准，还通过自然语言处理技术，将各种专业术语和复杂规则转化为易于理解和查询的形式，实现了对复杂消防规则的自动解析和归纳。审查人员只需通过简单的关键词搜索，即可快速找到相关的消防设计规范和标准，从而确保设计方案的合规性和安全性。此外，知识库具备自我学习和优化的能力。系统能够不断分析新发布的消防设计规范标准，自动更新和完善知识库的内容，以适应不断变化的消防安全需求。这一基于信息技术的消防规则知识库，不仅提高了审查人员的工作效率，也确保了消防设计的准确性和合规性，为消防安全领域的发展提供了有力的技术支持，有助于推动消防设计行业的进步和创新。例如筑绘通（AlphaDraw）是一个面向工程领域的新一代智能设计平台，嵌入了包含行业标准数据、规范要求、工程经验及常用做法的知识库，为消防设计工作提供便利工具。

2. 消防设计自动审查

消防设计自动审查系统能够利用深度学习、图像识别和模式识别等技术，快速准确地识别出不符合规范或存在安全隐患的地方，有助于提升消防设计审查工作的效率和质量。

首先，自动审查系统能够快速而准确地分析设计图纸、消防设备配置和疏散路径等内容，迅速识别出不符合规范或存在消防隐患的地方。相比传统的人工审查方法，大大缩短了审查周期，提高了问题识别的速度。其次，传统的消防设计审查需要耗费大量人力资源，自动审查系统可以直接处理和分析设计文件，大大减少了人工的工作量，提高了审查的效率。再次，自动审查系统具有较高的识别准确性，能够精准地分析设计文件中的细节，发现潜在问题，提高审查结果的可靠性。最后，自动审查系统能够确保审查结果的一致性和规范性。不同的审查员可能会有不同的理解和标准，而自动审查则能够保持一致的审查标准，提高审查结果的一致性和规范性。

由建研防火科技有限公司承担的住房和城乡建设部科技计划项目“建设工程消防设计图纸信息化审查关键技术研究（2021-K-026）”，以建设工程消防设计自动化审查为目标，创新性地提出了基于消防标准规范的知识图谱和基于 BIM 与知识图谱的消防设计自动化审核方法，开发出消防设计图纸信息化审图系统，开展了试点应用，效果良好，有效助力建设工程消防领域的数字化转型，具有良好的应用前景（图 4-9）。

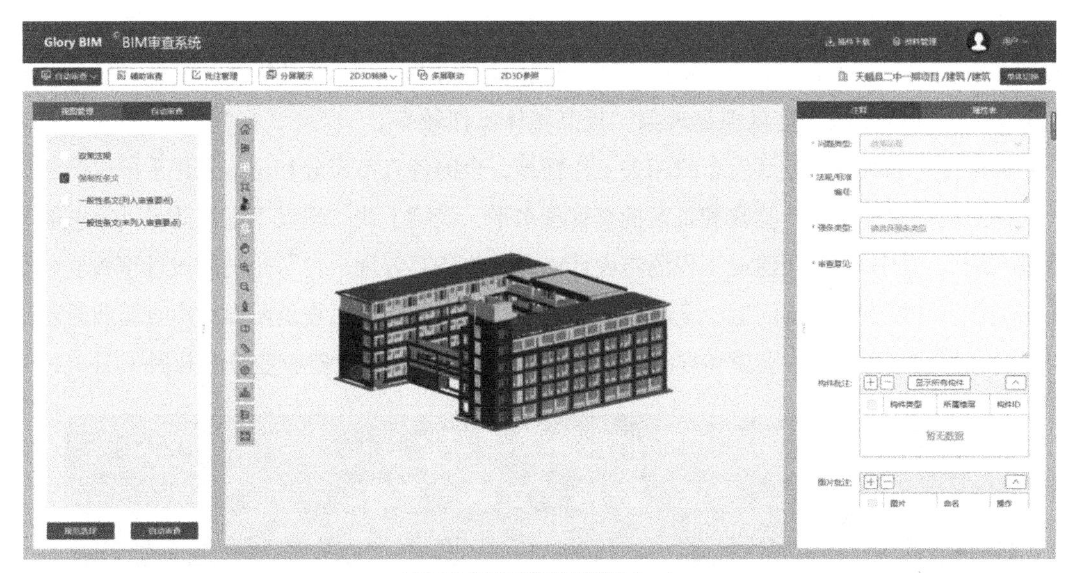

(a) BIM 审查系统界面截图（一）

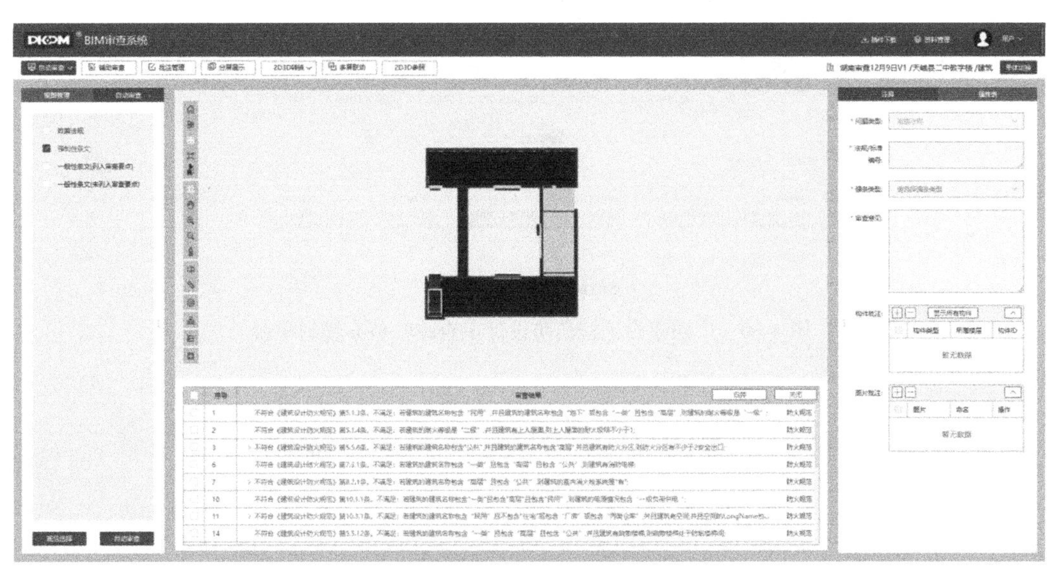

(b) BIM 审查系统界面截图（二）

图 4-9　消防设计图纸信息化审图系统

3. 消防设计审查监管平台

消防设计审查监管平台是基于云计算、大数据、人工智能等技术打造的数字化监管平台，提供消防设计审查、备案等在线监管服务，提高了消防设计审查审批事项的服务质量和办事效率。消防设计审查监管平台实现与工改系统的数据对接，将消防审查、消防备案数据推送到工改系统，确保审批数据的实时共享和交互，有助于简化审批流程，提高工作效率。平台实现了与审图系统的对接，通过项目代码一键获取项目信息、单位信息、建筑单体信息、合格证、报告、消防设计文件等，为建设单位报审提供便利，大大减轻了人工查询和审核的工作量，降低了出错率。平台运用人工智能技术对消防设计审查数据进行智能分析，提供风险预警、异常提示等功能，帮助管理人员更好地掌握消防安全情况，及时发现并解决问题。平台实现多部门、多用户之间的数据共享和协同办公，促进信息互通和业务协同，有助于减少信息孤岛现象，提高整体工作效率。

根据住房和城乡建设部发布的相关工作精神，全国各省市充分利用信息化手段提升建设工程消防设计审查、消防验收和备案抽查管理水平，陆续上线“建设工程消防设计审查验收管理系统”。其中，“广西建设工程消防设计审查验收备案管理平台”是消防设计审查验收职责移交住房和城乡建设部门后，全国首个上线运行的省级建设工程消防设计审查验收管理信息平台，采用信息化技术支撑和规范全区建设工程消防设计审查验收业务的开展（图 4-10）。

图 4-10　广西建设工程消防设计审查验收备案管理平台

第四节　消防工程施工智能化

一、业务介绍

建设工程质量及其各类安全保障体系是影响建筑工程社会价值的根本。消防工程是建筑领域中的一项重要工作，通过专业的消防施工过程，相关人员能够在火灾发生时及时发现并控制火势，保障人民生命财产安全。

（一）施工单位资质要求

消防工程的施工由具备“消防设施工程专业承包”资质的企业完成。根据 2014 年 11 月 6 日发布的《住房城乡建设部关于印发〈建筑业企业资质标准〉的通知》（建市〔2014〕159 号），消防设施工程专业承包资质分为一级、二级。

1. 一级资质标准

承包工程范围：可承担各类型消防设施工程的施工。

1）企业资产

净资产 1000 万元以上。

2）企业主要人员

（1）机电工程专业一级注册建造师不少于 5 人。

（2）技术负责人具有 10 年以上从事消防设施工程施工技术管理工作经历，且具有工程序列高级职称；暖通、给排水、电气、自动化等专业中级以上职称人员不少于 10 人，且专业齐全。

（3）持有岗位证书的施工现场管理人员不少于 20 人，且施工员、质量员、安全员、材料员、资料员等人员齐全。

（4）经考核或培训合格的中级工以上技术工人不少于 30 人。

3）企业工程业绩

近 5 年承担过 2 项单体建筑面积 4 万平方米以上消防设施工程（每项工程均包含火灾自动报警系统、自动灭火系统和防烟排烟系统）的施工，工程质量合格。

2. 二级资质标准

承包工程范围：可承担单体建筑面积 5 万平方米以下的下列消防设施工程的施工：①一类高层民用建筑以外的民用建筑；②火灾危险性丙类以下的厂房、仓库、储罐、堆场。[注：民用建筑的分类，厂房、仓库、储罐、堆场火灾危险性的划分，依据《建筑设计防火规范》（2018 年版）GB 50016—2014 确定]

1）企业资产

净资产 600 万元以上。

2）企业主要人员

（1）机电工程专业注册建造师不少于 3 人以上。

（2）技术负责人具有 8 年以上从事消防设施工程施工技术管理工作经历，且具有工程序列高级职称或机电工程专业一级注册建造师执业资格；暖通、给排水、电气、自动化等专业中级以上职称人员不少于 6 人，且专业齐全。

（3）持有岗位证书的施工现场管理人员不少于 15 人，且施工员、质量员、安全员、材料员、资料员等人员齐全。

（4）经考核或培训合格的中级工以上技术工人不少于20人。

（5）技术负责人（或注册建造师）主持完成过本类别一级资质标准要求的工程业绩不少于2项。

（二）消防工程施工内容及程序

消防工程的分部分项工程的主要内容如表4-1所示。

消防工程的分部分项工程的主要内容　　表4-1

分部工程	子分部工程	分项工程
消防工程	消防给水及消火栓系统	消火栓给水管道及配件安装，消火栓给水设备安装，室内消火栓（箱）及配件安装，消防水泵接合器及室外消火栓，系统试压，管道冲洗，系统调试
	自动喷水灭火系统	消防水泵和稳压泵安装，消防水箱安装和消防水池施工，消防气压给水设备安装，消防水泵接合器安装，管网安装，喷头安装，报警阀组安装，其他组件安装，系统试压，管网冲洗，系统调试
	水喷雾灭火系统	材料及系统组件进场检验，消防水泵的安装，消防水池（箱）、消防气压给水设备及水泵接合器的安装，雨淋报警阀、气动及电动控制阀的安装，节流管、减压孔板及减压阀的安装，管道、阀门的安装和防腐、保温、伴热施工，管道试压、冲洗，水雾喷头安装，系统调试，系统施工质量及功能验收
	细水雾灭火系统	材料及系统组件进场检验，储水、储气瓶组的安装，泵组及控制柜的安装，阀组的安装，管道管件安装，喷头安装，管道冲洗、水压试验、吹扫，系统调试，系统验收
	固定消防炮灭火系统	材料及系统组件进场检验，泡沫液罐/干粉罐的安装，消防泵组的安装，管道与阀门的安装，消防炮塔的安装，动力源的安装，水压试验、冲洗，系统调试，系统验收
	自动跟踪定位射流灭火系统	材料及系统组件进场检验，消防水池和消防水箱施工与安装，消防水泵和气压稳压装置及控制柜安装，消防水泵结合器的安装，供水管网和阀门及附件的安装，灭火装置的安装，探测装置的安装，控制装置的安装，布线安装，模拟末端试水装置安装，水压试验、冲洗，系统调试，系统验收
	气体灭火系统	材料及系统组件进场检验，灭火剂储存装置的安装，选择阀及信号反馈装置的安装，阀驱动装置的安装，灭火剂输送管道的安装，喷嘴的安装，预制灭火系统的安装，控制组件的安装，系统调试，系统验收
	泡沫灭火系统	材料及系统组件进场检验，消防泵的安装，泡沫液储罐的安装，泡沫比例混合器的安装，管道、阀门和泡沫发生器的安装，泡沫产生装置的安装，泡沫喷雾系统的安装，系统调试，系统验收
	干粉灭火系统	材料及系统组件进场检验，干粉罐的安装，动力气体容器及阀部件的安装，输气管的安装，喷嘴的安装，启动瓶的安装，火灾探测器的安装，启动瓶控制机构及管路的安装，报警器的安装，控制盘的安装，系统调试，系统验收
	防烟与排烟系统	风管的制作、安装及检测试验，排烟防火阀、送风口、排烟阀或排烟口、挡烟垂壁、排烟窗的安装，防烟、排烟及补风风机的安装，系统调试
	火灾自动报警及消防联动控制系统	材料及系统组件进场检验，管材、槽盒和电缆电线安装，探测器类设备安装，控制器类设备安装，其他设备安装，系统调试，系统检测、验收

消防工程的施工程序如下：

（1）消防水泵（或稳压泵）施工程序：施工准备→基础验收→泵体安装→吸水管路安装→出水管路安装→单机调试。

（2）消火栓系统施工程序：施工准备→干管安装→立管、支管安装→箱体稳固→附件安装→强度和严密性试验→冲洗→系统调试。

（3）自动喷水灭火系统施工程序：施工准备→干管安装→报警阀安装→立管安装→分层干、支管安装→喷洒头支管安装→管道试压→管道冲洗→减压装置安装→报警阀配件及其他组件安装→喷洒头安装→系统通水调试。

（4）水喷雾灭火系统施工程序：施工准备→支吊架制作、安装管道安装→管道冲洗→管道试压→吹扫→喷头安装→控制阀组部件安装→系统调试。

（5）细水雾灭火系统施工程序：施工准备→储水储气瓶组的安装→泵组及控制柜安装→管道试压、冲洗、吹扫→细水雾喷头安装→系统调试。

（6）消防水炮灭火系统施工程序：施工准备→干管安装→立管安装→分层干、支管安装→管道试压→管道冲洗→消防水炮安装→动力源和控制装置安装→系统调试。

（7）自动跟踪定位射流灭火系统施工程序：施工准备→干管安装→立管安装→分层干、支管安装→管道试压→管道冲洗→灭火装置及附件安装→动力源和探测、控制装置安装→系统调试。

（8）气体、泡沫、干粉灭火系统施工程序：施工准备→设备和组件安装→管道安装→管道试压→吹扫→系统调试。

（9）防排烟系统施工程序：施工准备→支吊架制作、安装→风管制作、安装→风管强度及严密性试验→风机及阀部件安装→防排烟风口安装→单机试运行→系统调试。

（10）火灾自动报警及联动控制系统施工程序：施工准备→管线敷设→线缆敷设→线缆连接→绝缘测试→设备安装→单机调试→系统调试→系统检测。

（三）消防工程质量控制

消防工程施工涉及多个环节，且各环节之间紧密相连。为确保消防工程的施工质量，须推行生产控制和合格控制的全过程质量控制，建立健全的生产控制和合格控制的质量管理体系。这不仅包括原材料控制、工艺流程控制、施工操作控制、每道工序质量检查、相关工序间的交接检验以及专业工种之间等中间交接环节的质量管理和控制要求，还包括满足施工图设计和功能要求的抽样检验制度等。施工单位应通过内部的审核与管理者的评审，找出质量管理体系中存在的问题和薄弱环节，并制定改进的措施和跟踪检查落实等措施，使质量管理体系不断健全和完善，这是使施工单位不断提高消防工程施工质量的基本保证。

消防工程施工质量应从以下三方面进行控制：

（1）用于消防工程的主要材料、半成品、成品、建筑构配件、器具和设备的进场检验和重要建筑材料、产品的复验。为把握重点环节，要求对涉及消防安全的重要材料、产品进行复检，体现了以人为本的理念和原则。

（2）为保障工程整体质量，应控制每道工序的质量。施工单位完成每道工序后，除了自检、专职质量检查员检查外，还应进行工序交接检查，上道工序应满足下道工序的施工条件和要求；同样，相关专业工序之间也应进行交接检验，使各工序之间和各相关专业工程之间形成有机的整体。

（3）工序是建筑工程施工的基本组成部分，一个检验批可能由一道或多道工序组成。根据目前的验收要求，监理单位对工程质量控制到检验批，对工序的质量一般由施工单位通过自检予以控制，但为了保证工程质量，对监理单位有要求的重要工序，应经监理工程师检查认可，才能进行下道工序施工。

二、场景说明

（一）概念

消防工程施工管理智能化是利用现代信息技术和人工智能算法，对消防工程施工过程进行智能化管理和控制，优化资源配置，以降低施工成本，提高施工效率、保障施工质量和安全，有助于提升消防工程施工的整体水平和应对复杂工程挑战的能力。

（二）应用价值

消防工程建设对于提升消防工程质量，消除消防安全隐患，保障使用者的生命财产安全具有重要作用。将信息技术运用到消防工程建设中，不但可以提高消防施工质量，而且可以解放人力，提高经济效益。应用价值说明如下：

1. 提高消防工程施工效率

传统的建筑工程施工需要施工人员、机械设备以及施工材料的相互配合，多数建筑工程的工期短则数月，长则数年。除此之外，若出现设计返工、沟通不到位等因素导致的施工问题，会进一步延长施工周期，降低施工效率。若是利用人工智能等技术手段，不仅可以极大地提高施工效率，还会保证施工的标准化，为提高消防工程施工质量提供保障。另外，以欧美发达国家为例，传统的房屋建造方法需要大约 8 个月的工期，然而通过采用智能化机器人 3D 打印技术，建筑施工过程可以在一周内完成，并且施工质量符合标准。在我国，清华大学教授徐卫国采用这种技术为一对农村夫妇建造住宅，仅用了 160h，相较于传统建筑方法，成本也更为经济，总计花费约 20 万元。这些案例充分展示了智能化机器人 3D 打印技术在建筑领域的巨大潜力和优势，也为消防工程施工带来全新的发展契机。

2. 保障人员安全

建筑工程施工过程中存在很多消防安全隐患，施工单位多次强调安全生产的重要性，但是每年依然会发生多起施工人员伤亡案例，轻则赔偿经济损失，重则对公司的社会声誉造成重大影响，导致企业经营困难。除此之外，建筑工程施工环境通常比较艰苦，施工人员劳动强度较大。由智能化机器人代劳除了可以改善施工人员的身心健康还可以提高施工效率，减少现场的消防安全隐患。

3. 缓解劳动力短缺

如今，我国的建筑工程施工行业的劳动力短缺越来越明显，在人口老龄化加剧的前提下，施工行业的人力招聘必然会迎来寒冬。与此同时，物流行业和外卖行业的冲击导致越来越多的青壮劳动力选择了施工行业之外的工作。建筑行业本身具有危险性较大、工作强度大以及工作环境恶劣等特点，所以越来越多的劳动力在选择增加的前提下，会更偏向于其他工作。而将人工智能等新技术应用于消防工程施工的优势是非常明显的，首先可以协助施工企业评估机械设备和人工的配比，从而最大限度地利用各种劳动力；其次智能机器人除了可以进行施工作业外，其计算功能还可以评估施工进度和安全隐患等，从而提高安全保障能力和优化施工效率；最后在搬运建材、捆绑钢筋，甚至 3D 打印等方面，代表性机器人技术的应用，将会有效缓解青壮劳动力不足带来的一系列问题。

（三）具体应用

1. 消防工程材料进场智能检验

消防工程材料和系统组件进场检验是消防施工过程检查的重要部分，也是工程质量控制的关键一环。利用物联网、神经网络等技术对消防工程材料设备进行进场检验，可提高检验效率和准确性，同时降低人为错误和疏漏的风险。主要实现步骤如下：

1）数据采集

在材料设备进场时，使用 RFID（无线射频识别）、条形码扫描或二维码识别等技术，对材料设备的标识信息进行快速采集。利用高清摄像头和图像识别技术，对材料设备的外观、标签、包装等进行拍摄和识别。

2）专业算法研发

利用深度学习技术，训练出专业识别材料设备质量问题的模型，以自动快速评估材料设备的质量水平，如可以将大量已知质量状态的材料设备图像作为训练数据来实现。

3）质量检验

通过将采集到的数据与预训练的深度学习模型或机器学习算法进行比对，自动化地检测材料设备是否存在质量问题。利用统计分析和数据挖掘技术，检测出与常规数据模式不符的异常数据，从而发现潜在的质量问题。

4）结果输出与反馈

将检验结果以报告的形式输出，详细列出每批材料设备的质量情况，包括合格品、不合格品以及存在的问题等。建立反馈机制，对检验过程中发现的问题进行记录和跟踪，以便及时采取纠正措施，并对检验算法进行持续优化和改进。

通过上述步骤，可实现对消防工程进场材料设备质量的高效、准确检验，为消防工程的安全和可靠性提供有力保障。

2. 智能机器人辅助消防施工

消防工程施工内容包括设备安装、建筑空间建设、管网布局等方面，任务繁杂且重要。智能机器人的研发投入，将辅助和替代“危、繁、脏、重”的人工作业，提高施工效率、降低安全风险，并提升整体工程质量。

1）处理繁琐任务

消防工程施工中经常涉及大量的重复性、繁琐性任务，如螺栓拧紧、管线铺设等。智能机器人可以通过编程和自动化控制，快速、准确地完成这些任务，大大提高施工效率。

2）辅助与替代危险作业

在消防工程施工中，经常涉及高空作业、狭小空间作业等高风险作业。智能机器人可以通过搭载各种传感器和摄像头，实现精准的定位和操作，代替人员在危险区域进行作业，减少人员伤亡的风险。

3）提升施工精度

智能机器人通过先进的传感器和控制系统，可以实现高精度的施工操作。在消防工程施工中，高精度施工可以确保管网的布局准确、设备安装到位，提高消防设施的可靠性和有效性。

4）实现智能化管理

通过引入智能机器人，消防工程施工可以实现智能化管理。机器人可以实时收集施工现场的数据，并通过云计算和大数据分析技术，为管理者提供决策支持，实现施工过程的优化和调度。

3. 消防工程施工智能辅助

利用人工智能、机器学习等信息技术可以为消防工程施工过程提供科学的辅助决策支持，指导消防工程企业，按照规范完成消防施工，提高消防验收通过率，确保施工质量和消防安全。主要包括以下几方面：

1）数据分析与预测

使用传感器和监控设备实时收集施工现场的数据，通过分析历史数据和实时监测数据，预测施工过程中可能出现的安全隐患。通过深度学习算法，可以对施工现场的巡检数据进行分析，识别出潜在的安全风险，并提前发出警报，提醒人员及时采取措施，防范事故的发生，确保施工质量。

2）优化资源分配和任务调度

根据施工进度、工种需求、工人技能等因素，自动优化的资源分配和任务调度，如人员、材料、设备等，使施工人员的工作更加高效，避免资源浪费和人力不足的问题，从而提升施工安全管理的效果。

3）智能辅助决策支持

利用大数据、机器学习等技术建立决策模型，根据实时数据和预测结果，提供关于施工方法、材料选择、安全措施等方面的智能建议，为消防施工人员和管理者提供决策支持，提高人员技能和应对突发情况的能力。

4. 消防工程智能管理系统

为了提高消防工程的管理效率和质量，引入消防工程智能管理系统来实现科学高效的工程管理，实现施工现场管理的标准化和现代化，进一步提升施工效率，规范工作流程。其主要功能如下：

1）项目计划与进度管理

制定详细的项目计划，包括消防工程建设、设备采购、材料运输等各个环节的时间安排。通过信息化平台的进度管理功能，可以实时监控项目进展，并对异常情况进行及时处理，确保消防工程按计划进行。

2）资料管理与归档

大量的文件和资料，包括设计图纸、施工方案、材料清单等，可利用信息化平台进行文件的管理与归档，实现资料的电子化存储和检索，提高效率和准确性。

3）人员协同与沟通

提供在线协同工具，使得项目团队成员能够实时共享信息、交流意见，提高团队的协同效率。软件内置的沟通工具可以快速解决问题、制定应对措施，加强项目管理和团队合作。

4）设备管理与维护

消防施工过程中所涉及的设备材料众多，如灭火器、喷淋系统、报警器等。利用信息化平台建立设备档案和使用计划，更好地管理设备资产，延长设备的使用寿命，提高设备管理效率。

5）质量与安全管理

进行质量和安全管理。利用信息平台记录消防工程施工过程中的质量问题和安全隐患，并提供整改和追踪功能。通过系统的质量和安全管理模块，可以提高消防工程施工的质量和安全水平，减少事故风险。

图 4-11 是某项目施工过程中的智慧管理平台，通过可视化界面监控施工进度，提高施工效率。

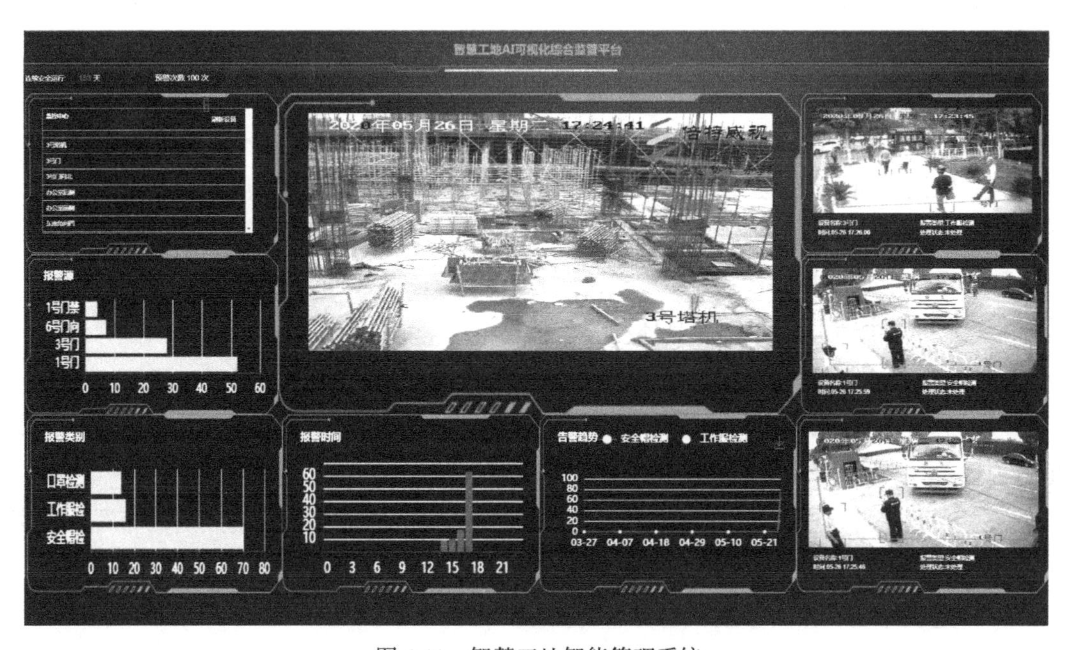

图 4-11　智慧工地智能管理系统

第五节　消防工程智能验收

一、业务介绍

消防验收是指由消防工作机关或者委托的消防技术服务机构按照消防工作法律规定和国家有关消防技术规范，对需进行审查验收的项目进行全过程的参与，并对工程进行全面的监督、抽查等，依据相关的法律、法规做出质量合格与否的判断。消防验收是每个建筑物完工后必须进行的重要程序，其目的是检查建筑消防的规范性以及消防设施性能、系统功能联调联试等内容，确保火灾发生时能够保障生命财产安全。

随着进入高质量发展的新阶段，我国的法律体系和政策制度更加健全，各行各业的行政主管部门权责划分也更加清晰明了。2018 年，《中共中央办公厅 国务院办公厅关于调整住房和城乡建设部职责机构编制的通知》将指导建设工程消防设计审查职责划入住房和城乡建设部。2019 年，《中华人民共和国消防法》修订，将建设工程消防设计审查、消防验收、备案和抽查的事项的主管部门改为住房和城乡建设部。为了更好地做好建设工程消防验收工作，住房和城乡建设部颁布《建设工程消防设计审查验收管理暂行规定》《建设工程消防设计审查验收工作细则》等政策文件，明确了建设工程消防设计审查验收工作的范围、内容、要求和程序，以及有关单位的消防设计、施工质量责任与义务等内容。

根据《建设工程消防设计审查验收管理暂行规定》，可以把建设工程分为两类：第一类是特殊建设工程实行消防验收；第二类是其他建设工程实行消防验收备案、抽查的制度，并要求分类管理。其他建设工程应当依据建筑所在区域环境、建筑使用功能、建筑规模和高度、建筑耐火等级、疏散能力、消防设施设备配置水平等因素分为一般项目、重点项目两类。消防设计审查验收主管部门应当对备案的其他建设工程进行抽查，加强对重点项目的抽查。依法应当经消防验收的建设工程，未经消防验收或者消防验收不合格的，禁止投入使用；其他建设工程经依法抽查不合格的，应当停止使用。

消防设计审查验收主管部门受理消防验收申请后，应当按照国家有关规定，对特殊建设工程进行现场评定。现场评定具体项目包括：

（1）建筑类别与耐火等级。

（2）总平面布局，应当包括防火间距、消防车道、消防车登高面、消防车登高操作场地等项目。

（3）平面布置，应当包括消防控制室、消防水泵房等建设工程消防用房的布置，国家工程建设消防技术标准中有位置要求场所（如儿童活动场所、展览厅等）的设置位置等项目。

（4）建筑外墙、屋面保温和建筑外墙装饰。

（5）建筑内部装修防火，应当包括装修情况，纺织织物、木质材料、高分子合成材料、复合材料及其他材料的防火性能，用电装置发热情况和周围材料的燃烧性能和防火隔热、散热措施，对消防设施的影响，对疏散设施的影响等项目。

（6）防火分隔，应当包括防火分区，防火墙，防火门、窗，竖向管道井、其他有防火分隔要求的部位等项目。

（7）防爆，应当包括泄压设施，以及防静电、防积聚、防流散等措施。

（8）安全疏散，应当包括安全出口、疏散门、疏散走道、避难层（间）、消防应急照明和疏散指示标志等项目。

（9）消防电梯。

（10）消火栓系统，应当包括供水水源、消防水池、消防水泵、管网、室内外消火栓、系统功能等项目。

（11）自动喷水灭火系统，应当包括供水水源、消防水池、消防水泵、报警阀组、喷头、系统功能等项目。

（12）火灾自动报警系统，应当包括系统形式，火灾探测器的报警功能、系统功能，以及火灾报警控制器、联动设备和消防控制室图形显示装置等项目。

（13）防烟排烟系统及通风、空调系统防火，包括系统设置、排烟风机、管道、系统功能等项目。

（14）消防电气，应当包括消防电源、柴油发电机房、变配电房、消防配电、用电设施等项目。

（15）建筑灭火器，应当包括种类、数量、配置、布置等项目。

（16）泡沫灭火系统，应当包括泡沫灭火系统防护区，以及泡沫比例混合、泡沫发生装置等项目。

（17）气体灭火系统的系统功能。

（18）经审查合格的消防设计文件中包含的其他国家工程建设消防技术标准强制性条文规定的项目，以及带有“严禁”“必须”“应”“不应”“不得”要求的非强制性条文规定的项目。

现场抽样查看、测量、设施及系统功能测试应符合下列要求：

（1）每一项目的抽样数量不少于2处，当总数不大于2处时，全部检查。

（2）防火间距、消防车登高操作场地、消防车道的设置及安全出口的形式和数量应全部检查。

消防验收现场评定符合下列条件的，结论为合格；不符合下列任意一项的，结论为不合格：

（1）现场评定内容符合经消防设计审查合格的消防设计文件。

（2）有距离、高度、宽度、长度、面积、厚度等要求的内容，其与设计图纸标示的数值误差满足国家工程建设消防技术标准的要求；国家工程建设消防技术标准没有数值误差要求的，误差不超过 5%，且不影响正常使用功能和消防安全。

（3）现场评定内容为消防设施性能的，满足设计文件要求并能正常实现。

（4）现场评定内容为系统功能的，系统主要功能满足设计文件要求并能正常实现。

消防设计审查验收主管部门应当自受理消防验收申请之日起十五日内出具消防验收意见。对符合下列条件的，应当出具消防验收合格意见：

（1）申请材料齐全、符合法定形式。

（2）工程竣工验收报告内容完备。

（3）涉及消防的建设工程竣工图纸与经审查合格的消防设计文件相符。

（4）现场评定结论合格。

二、场景说明

（一）概念

消防工程智能验收是利用现代信息技术和智能化设备，智能化管控消防工程的验收工作，辅助消防验收决策，以提高消防工程验收的准确性和效率，减少人为错误和疏漏，确保消防工程的质量和安全。

（二）应用价值

1. 提高验收效率与准确性

传统的消防工程验收工作主要依赖人工操作和判断，不仅耗时耗力，且易受到人为因素的影响，导致验收结果的不准确和遗漏。而智慧消防技术的应用，可通过自动化、智能化的方式，快速准确地完成数据采集、分析、判断等验收流程，显著提高验收效率和准确性。同时可对大量数据进行高效处理，从中发现潜在的问题和隐患，为消防工程的安全运行提供有力保障。

2. 实现实时监控与预测分析

智慧消防技术可以通过对消防工程数据的实时监控和分析，实现对消防系统运行状态的实时掌握。通过对历史数据的挖掘和分析，预测系统的未来运行状态，及时发现潜在问题和隐患，为验收决策提供科学依据。这不仅可以提高消防工程的安全性，还可以降低维护成本，提高系统的使用寿命。

3. 优化验收流程与决策支持

通过对验收流程的自动化管理，可以减少人为干预和错误，提高验收工作的规范性和一致性，为验收工作提供科学的决策支持。通过对消防工程数据的深入分析和挖掘，为主管部门提供有关消防工程安全性能、运行效率等方面的全面信息，帮助主管部门做出更加科学、合理的决策。

4. 回溯验收过程，便于火灾防控

平台根据优化的验收流程，记录整个验收过程的数据。将数据存储至云端，永久保存，在必要的时候，可以查看验收的历史数据。数据主要包括验收的单体建筑、楼层及问题，验收过程的视频、图像。追根溯源找出本质消防问题，便于应急管理、住房和城乡建设等相关单位快速定位消防隐患，有针对性地加强预防和整改。亦可辅助相关单位了解整个项目的消防布控，便于火灾出现时，快速实施救援。

（三）具体应用

1. 现场评定智能移动工具

随着信息技术的飞速发展，人工智能与移动智能设备已广泛应用于各个领域，其中在消防工程验收领域，智能移动工具的应用为现场评定工作带来了革命性的变革。以智能机器人为例，这类机器人可以自主或遥控进入复杂的建筑内部，对消防设施进行全面的检查。它们配备有高清摄像头、红外热像仪、气体检测传感器等多种设备，可以实时采集现场数据，并通过图像识别、数据分析等技术，对消防设施的运行状态、安全隐患等进行智能识别和评估。例如在某大型商业综合体的消防验收中，智能巡检机器人发现了部分消火栓被遮挡、部分喷头角度不当等问题，这些问题若不及时发现并整改，将严重影响火灾时的灭火效果。通过机器人的现场评定，消防技术人员迅速定位了问题所在，并及时进行了整改，从而确保了消防系统的有效性。此外，图纸的在线查阅与分析，方便验收人员随时了解设计与现场的差异情况；平台的智能 CAD 分析系统，辅助验收人员判断消防设施的安装准确度和布局的合理性。智能设施识别系统可以根据验收人员现场获取的图片，智能分析图片内容，动态提示消防设施的验收规范和检验方法，辅助验收人员更快、更准确地完成验收。

现场评定智能移动工具的应用，不仅提高了消防验收的效率和准确性，还为消防技术人员提供了全新的评定视角和手段。这些工具的应用，有助于及时发现和整改消防系统中的问题和隐患，确保消防系统的安全性和有效性。

2. 消防设施智能化检测

消防设施智能化检测系统可以通过传感器和仪器自动检测消防设施的运行状态、参数和性能，实现对消防设施运行状态、参数和性能的全面监测与评估。以消防水泵为例，智能化检测系统可以通过安装在泵房内的传感器实时监测水泵的运行状态，包括电流、电压、流量、压力等关键参数。当水泵出现故障或性能下降时，系统能够立即发出警报，并通过数据分析确定故障类型。同样在自动喷水灭火系统中，智能化检测能够实时监测管道的压力、流量以及喷头的工作状态。通过实时数据采集和分析，智能化检测系统能够自动生成详细的验收报告，报告中包含消防设施的各项参数、性能评估结果以及潜在的风险点。这不仅可以帮助验收人员快速、准确地判断消防设施是否符合标准要求，还为后续的维护和管理提供了有力的数据支持。

3. 消防验收智能化管理平台

消防验收智能化管理平台是对验收前、验收中、验收后全过程管理的操作平台，可以规范验收流程，便于验收工作协同，提高办公效率。

一是事项智能判定。建设单位在申报消防验收时，不再只能去窗口办理业务，通过线上的操作，可以随时查看项目的验收状态及验收结果，上传整改信息，大大节省了时间成本。同时，验收系统直接应用消防审查系统判定结果，确定消防申报事项，避免同一办件验收、备案混杂交织，难以梳理。

二是验收流程规范。将消防验收的现场评定、抽查等中间环节，全部纳入工程审批系统管理。消防验收事项实行查验和评定分离，先线上审核查验报告，再进行现场评定。根据法律法规的相关规定，通过智能算法，消防备案事项实行先抽后验，每个单体抽签完成后，系统自动告知建设单位抽查信息，主管部门现场检查后统一出具消防抽查通知书和备案凭证，减少人为操作，保证验收过程的公平、公正、透明。

三是材料共用共享，验收数据信息实现与审图系统、应急部门的系统对接，消防审查结果材料、施工许可材料共享展示，建设单位无须重复提交。

我国广西壮族自治区、四川省、贵州省、山西省等地，均已上线并运行了类似的消防验收管理平台。这些平台不仅提供了基本的在线申报和审批功能，还包括项目公示、技术服务、法规政策、教育培训等多个方面的服务模块，提高了消防审批效率（图 4-12）。

图 4-12　山西省建筑工程勘察设计质量和消防审查验收数字化管理平台

第六节　消防安全智能管理

一、业务介绍

消防工作的原则是“政府统一领导、部门依法监管、单位全面负责、公民积极参与”，这是我国长期以来对消防工作的经验总结，是贯穿于全部消防工作中的基本准则和内在精神，是国家消防立法和各个管理主体在具体的管理过程中都应当遵循的基本准则。“单位全面负责”中的单位是社会的基本单元，也是社会消防管理的基本单元。单位对消防安全和致灾因素的管理能力，反映了社会公共消防安全管理水平，在很大程度上决定了一个城市、一个地区的消防安全形势。单位是自身消防安全的责任主体，每个单位只有自觉依法落实各项消防安全职责，实行自我防范，消防工作才会有坚实的社会基础，火灾才能得到有效控制。

按照《中华人民共和国消防法》《消防安全责任制实施办法》，社会单位（企业、场所）应当落实消防安全主体责任，开展“三自主两公开一承诺”制度（自主评估风险、自主检查安全、自主整改隐患，向社会公开消防安全责任人、管理人，并承诺本场所不存在突出风险或者已落实防范措施）和“四个能力”建设（检查消除火灾隐患能力、组织扑救初期火灾能力、组织人员疏散逃生能力、消防宣传教育培训能力），提升火灾自防自救能力。

（一）消防安全职责

1. 机关、团体、企业、事业等单位

（1）落实消防安全责任制，制定本单位的消防安全制度、消防安全操作规程，制定灭火和应急疏散预案。

（2）按照国家标准、行业标准配置消防设施、器材，设置消防安全标志，并定期组织检验、维修，确保完好有效。

（3）对建筑消防设施每年至少进行一次全面检测，确保完好有效，检测记录应当完整准确，存档备查。

（4）保障疏散通道、安全出口、消防车通道畅通，保证防火防烟分区、防火间距符合消防技术标准。

（5）组织防火检查，及时消除火灾隐患。

（6）组织进行有针对性的消防演练。

（7）法律、法规规定的其他消防安全职责。

2. 消防安全重点单位

消防安全重点单位除应当履行以上职责外，还应当履行：

（1）确定消防安全管理人，组织实施本单位的消防安全管理工作。

（2）建立消防档案，确定消防安全重点部位，设置防火标志，实行严格管理。

（3）实行每日防火巡查，并建立巡查记录。

（4）对职工进行岗前消防安全培训，定期组织消防安全培训和消防演练。

3. 共同消防区域

同一建筑物由两个以上单位管理或者使用的，应当明确各方的消防安全责任，并确定责任人对共用的疏散通道、安全出口、建筑消防设施和消防车通道进行统一管理。住宅区的物业服务企业应当对管理区域内的共用消防设施进行维护管理，提供消防安全防范服务。

（二）消防安全“四个能力”建设

开展消防安全“四个能力”是落实单位消防安全主体责任、提升消防安全管理能力、最大限度预防和减少火灾事故的治本之策。

1. 提高检查消除火灾隐患能力

（1）确定消防安全管理人，抓好本单位消防安全管理工作。

（2）定期开展防火检查巡查，落实员工岗位消防责任。

（3）发现火灾隐患要立即消除，确保单位消防安全。

（4）火灾隐患不能立即消除的，要落实整改措施限期消除。

2. 提高组织扑救初期火灾能力

（1）建立消防应急处置队伍，制定灭火预案，定期开展训练。

（2）定期组织灭火疏散演练，熟悉应急处置程序。

（3）消防安全员应熟练掌握火警处置程序。

（4）一旦发生火情，应按职责分工及时到位处置。

3. 提高组织人员疏散逃生能力

（1）应明确疏散引导人员，落实岗位人员职责。

（2）应熟悉逃生路线，掌握火场逃生自救技能。

（3）发生火灾时，应立即启用报警器，广播等设备组织人员疏散，并报火警。

（4）应履行岗位职责，迅速组织引导人员疏散。

4. 提高宣传教育培训能力

（1）应健全消防安全教育培训制度，定期开展宣传教育培训。

（2）消防设施器材应设置醒目标识，标明操作使用和维护保养方法，要在重点区域、重点时段反复进行宣传提示。

（3）重点部位（场所）和疏散通道，安全出口应设置提醒或警示标语。

（4）开展消防安全培训，懂得灭火、疏散和逃生自救基本常识。

（三）消防安全“一懂三会”

“一懂三会”是指懂得所在场所火灾危险性和会报警、会逃生、会扑救初起火灾。

（1）“一懂”：懂得本场所用火、用电、用油、用气火灾危险性。复产复工企业、小微企业和小单位、小场所需明晰消防安全风险；居民居家隔离及家庭需了解用火、用电用气安全注意事项。

（2）“三会”：

会报警：发现火灾后迅速拨打 119 电话报警，说出发生火灾具体地点和着火部位；起火物、火势情况、是否有人员被困；留下姓名和联系方式；会逃生：逃生时不要使用电梯；无法逃生时要及时向外界呼喊求救；听从指挥，就近从安全出口疏散逃生；应使用湿毛巾等捂住口鼻，快速低姿匍匐逃离；会扑救：灭火器使用要点为提、拨、握、压；消火栓使用要点为取下水带、两头接入，启泵按钮，开阀灭火。

二、场景说明

（一）概念

消防安全智能管理，是单位利用现代信息技术、物联网技术和大数据分析等先进科技手段，对消防安全进行智能化、网络化和系统化的管理，旨在提升消防工作的效率，增强消防安全的预警和应急响应能力，从而有效降低单位的火灾风险，保障生命财产安全。

（二）应用价值

1. 及时消除火灾隐患

智慧消防技术的应用使得单位能够及时发现并消除火灾隐患，从而有效预防火灾的发生。例如物联网技术通过在消防设施、电器设备等关键部位安装传感器，能够实时监测设备的温度、湿度、烟雾等参数，一旦发现异常情况，立即发出警报并自动切断电源，从而避免火灾的发生。此外，大数据分析和人工智能技术可以对单位的消防数据进行深度挖掘和分析，发现潜在的火灾风险点，为管理人员提供有针对性的隐患排查建议，帮助社会单位及时消除火灾隐患。

2. 提升消防工作效率

智慧消防技术的应用极大地提升了消防工作的效率。例如云计算技术为单位提供了强大的数据处理和存储能力，使得工作人员能够实时接收、处理和存储大量的消防数据，提高了工作处理的速度和准确性。同时，移动互联网技术使得工作人员可以通过智能手机等终端设备随时随地接收和处理消防信息，实现了消防工作的即时性和移动性。

3. 辅助消防工作决策

智慧消防技术的应用为消防工作决策提供了有力的支持。例如大数据分析和人工智能技术可以对历史火灾数据、消防设备运行数据等进行深度挖掘和分析，发现火灾发生的规律和趋势，为单位提供科学的预防措施建议。此外，虚拟现实技术的应用还可以为消防培训提供逼真的模拟环境，让培训对象在虚拟的环境中进行实战演练和培训，提高了培训人员的消防技能和经验，为消防工作决策提供了有力的人才保障。

（三）具体应用

1. 消防设备远程监控

信息技术如物联网、云计算等的应用，使得消防设施远程监控成为可能。通过安装传感器和监控设备，单位可以实时获取消防设施的运行状态，并通过云平台进行存储、分析和处理，一旦发现异常情况，系统会立即发出警报，并通过手机App或短信等方式通知相关人员，从而对消防设施进行有效的监控和管理，确保消防设施始终处于良好状态，为火灾的预防和应对提供有力保障（图 4-13）。

图 4-13　消防设备远程监控系统

2. 消防业务综合管理（图 4-14）

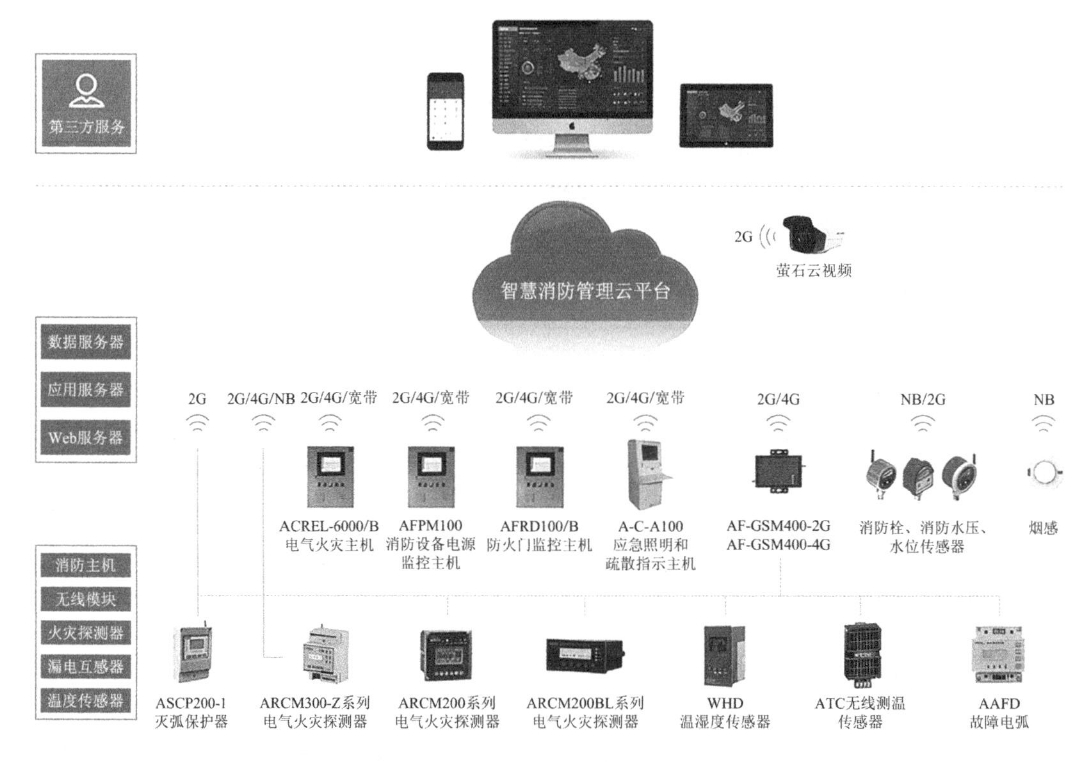

图 4-14　消防业务综合管理系统

信息技术在单位消防管理工作中的应用，主要体现在自动化、智能化和精细化管理方面。

（1）自动化管理：通过引入自动化设备和系统，消防管理过程中的许多繁琐任务得以简化。例如利用物联网技术，消防设备可以自动监测自身的运行状态，并在需要时自动启动或发出警报。此外，自动化系统还可以自动记录消防设备的维护和使用情况，减少人工操作的错误和遗漏。

（2）智能化管理：智能化技术的应用使得单位消防管理更加精准和高效。通过大数据分析，消防管理人员可以对历史火灾数据进行深入研究，预测火灾发生的风险点和趋势，为预防措施的制定提供科学依据。同时，人工智能算法还可以对消防设备的运行数据进行实时分析，预测设备可能出现的故障，并提前进行维护。

（3）精细化管理：信息技术为消防管理的精细化提供了可能。通过 RFID 等技术，消防设备的追踪和管理更加精确，确保设备的正确使用和及时维护。此外，通过移动应用和云平台，消防管理人员可以实时查看和分析消防设备的状态和数据，及时发现并解决问题，提高消防管理的精细度和时效性。

3. 移动端应用（图 4-15）

移动端应用是信息技术在消防工作中的重要应用场景之一。利用开发消防安全管理的移动端应用，工作人员可以随时随地传达指令、查看消防设备状态、制定培训计划等。此外，应用还可以提供实时的火灾预警信息和应急指导，帮助消防人员快速响应火灾事件，最大限度地减少人员伤亡和财产损失。移动端应用为消防工作提供了全方位的支持，极大地提高了消防工作的效率和灵活性。

图 4-15　智慧消防移动端应用示意图

第七节　消防安全智能监管

一、业务介绍

消防安全监管是一项综合性、系统性的任务，是维护社会公共安全和人民生命财产安全的重要工作。加强消防安全监管工作，提高监管效能，成为重要任务。

（一）消防安全监管的定义和内涵

消防安全监管是指政府部门依据法律法规，对消防安全工作实施监督、管理、指导和服务，以确保消防安全工作的有效实施和消防安全形势的稳定。消防安全监管的内涵包括监督、管理、指导和服务四个方面。其中，监督是指对消防安全工作的实施情况进行检查和评估，发现问题及时督促整改；管理是指对消防安全工作进行规划和组织，制定消防安全政策和标准；指导是指对消防安全工作进行专业指导和技术支持，提高消防安全工作的水平；服务是指为消防安全工作提供必要的保障和支持，推动消防安全工作的顺利开展。

（二）消防安全综合监管责任体系

1. 各级人民政府职责

各级人民政府在消防安全监管中扮演着领导者和推动者的角色。首先，政府将消防工作纳入施政议程，与经济社会发展紧密结合，确保消防安全与经济社会同步规划、实施和发展。通过定期召开常务会听取消防工作汇报，政府能够全面把握消防安全形势，为决策提供依据。其次，政府还负责推动消防安全规章和规范性文件的出台，明确各部门和行业的权责清单，确保消防安全工作有法可依、有章可循。政府还需要发挥消防安全委员会的议事平台作用，加强其组织协调机制的独立性和权威性，有助于形成跨部门、跨行业的消防安全监管合力，解决监管中的重大问题。对于新兴行业或领域，政府还需根据业务相近原则确定相应的监督管理部门，确保消防安全监管不留死角。

2. 消防安全委员会职责

消防安全委员会作为政府领导下的议事协调机构，在消防安全监管中发挥着重要作用。委员会需要明确专职工作人员和办公场所，负责委员会办公室的日常运行工作。通过健全形势研判、会商磋议、考核通报等机制，委员会能够及时了解消防安全形势，提出对策措施。此外，委员会还需常态化开展隐患抄告、清单推进、联动执法、信息共享等工作，推动各部门协同解决重大消防安全问题。

消防安全委员会办公室作为委员会的协调枢纽，需充分运用相关法律法规赋予的权力，组织或支持配合有关部门开展隐患排查治理、专项整治等工作。通过出台议事机构成员单位职责文件，明晰部门间权责划分，形成齐抓共管的合力。

3. 消防救援机构职责

消防救援机构是“代表政府行使对监管者的监管”角色，是当好行业部门和下级人民政府消防工作的“指导员”“监督员”；按照行业主管、各司其职和分级负责、属地监管原则，完善综合监管制度体系、健全工作机制和组织保障；负责本级政府消防安全委员会办公室日常工作事务，对本级有关部门和下级人民政府消防安全工作，实施宏观指导、综合协调和监督检查，适时组织开展督导、检查、考核，协调指导、督促推动落实属地管理和行业监管责任；主动调研、汇总、分析辖区消防安全形势和各级各部门消防工作履职情况，定期向党委、政府汇报，提出切实可行的措施、意见和建议，以及本地消防工作政策、法规、规划等草案，制定、修订相关消防安全规章制度和技术标准、规范。对于铁路、交通、民航、林业等专业领域，协调推动落实专项监管责任。提请人民代表大会常务委员会将消防立法纳入立法整体规划，结合消防安全工作职责、形势和任务，及时修订完善消防法律法规，定期开展消防法规规章执行情况检查，梳理“问题清单”，报请党委、政府分解督导落实；推动人大、政协定期调研消防工作，通过人大议案建议、政协提案，解决消防工作瓶颈问题。

4. 政府工作部门职责

严格落实“管行业必须管安全、管业务必须管安全、管生产经营必须管安全”要求，依法依规履行消防工作职责，将消防安全内容纳入行业安全生产法规政策、规划计划和应急预案，明确本部门负责消防安全主管领导、分管领导和内设机构，在各自的职责范围内对有关行业、领域的消防安全工作实施监督管理，依法督促本行业、本系统相关单位落实消防安全责任制，将消防工作纳入部门、行业、系统年度工作内容，建立健全消防工作考核评价体系，健全完善行业消防安全建设管理、分析报告、排查整治、联合执法、宣传教育培训、应急演练等工作机制，推行行业消防安全标准化管理，建立行业消防安全“吹哨人”机制，定期开展行业消防安全检查治理，对排查发现的重大消防安全风险，要协调重点督办整治。住房和城乡建设、商务、文旅、卫健、宗教、大数据行政审批等具有行政审批职能的重点行业部门，依法审查涉及消防安全的行政许可，具有行政管理或公共服务职能的部门，应当结合本部门职责为消防安全综合监管工作提供支持和保障。

（三）消防安全监管工作保障

1. 工作督导调度

依托消防安全委员会办公室，建立消防安全监管调度中心，统筹、发布、调度、汇总、分析、通报消防安全监管工作；在重大活动、重大节日等特殊时期，或发生较大以上火灾事故时，组织形势分析，研究部署针对性防控举措，及时发送工作提示，安排专项巡查和消防科普任务，调度基层力量、网格人员开展火灾防范工作；对各地落实消防安全工作情况采取定期、不定期和专项调度等模式，及时了解掌握工作动态、工作成效，督促落实层级监管，提升消防监督工作效能。

2. 消防安全文化

加强消防科普教育基地建设，落实专门场馆场地，配置体验器材，科学设置功能区域，实现知识性与趣味性、专业性和社会性有机结合；建设具备一定规模的消防宣传教育阵地。开展全民消防安全素质提升工作，加强消防安全文化建设，深入开展消防安全科普工作，逐步将消防安全教育纳入文明城市创建、城乡科普教育、中小学生素质教育等范畴，推进消防宣传“进企业、进农村、进社区、进学校、进家庭”活动。鼓励文艺工作者创作消防主题文艺作品，在基层文化活动中推广。积极引导各类媒体宣传消防安全综合治理工作，广泛传播消防安全常识，增强全民消防安全意识。

3. 组织制度保障

准确把握机构改革和深化消防执法改革的有关精神，将实施消防安全综合监管作为本地区本行业消防工作改革重点，明晰综合监管思路，落实综合监管职责，健全综合监管机制，层层压实工作责任，切实提升综合监管工作质效，促进消防安全形势的持续稳定。

4. 工作考核问效

将消防工作列入各级党委政府、行业部门的中心工作和重点任务，纳入平安建设、创建文明城市、市域现代化治理、乡村振兴等重要工作的考核内容。升级消防工作考核巡查机制，科学制定考核内容、提高考核权重、强化结果运用，将消防工作考核作为各级领导班子、领导干部考核和绩效管理的重要参考依据。同时，用好各级各部门考核平台，建立年初下达消防工作目标、年中开展政务督查、年底组织考核评估的工作机制，实现以考促干、以考促效。

5. 延伸调查追责

制定出台火灾事故调查处理规定，明确消防救援机构火灾事故调查处理主导职能定位，健全完善火灾事故延伸调查机制，将涉及消防管理全链条的责任主体纳入调查范围，按照分级、属地原则合理划分各层级、各部门的事故责任，做好事故调查处理和结案工作，监督事故查处、责任追究和防范措施的落实情况，并及时向社会公布，强化行政问责和社会监督，对造成人员死亡或较大社会影响的火灾，严格组织责任倒查，逐级组织约谈，深入分析火灾事故教训，堵塞漏洞、完善标准、强化管理，坚决防止消极怠慢、敷衍塞责、变通执行等现象。加强行政执法与刑事司法衔接，与公安机关、检察机关、人民法院建立案件调查、诉讼协作机制，依法惩治涉火违法犯罪行为；发挥消防宣传的正面引导、警示教育功能，彰显火灾事故处罚、问责机制的惩戒、震慑作用。

二、场景说明

（一）概念

消防安全智能监管是政府部门运用现代信息技术手段，对消防安全进行智能化、自动化的监督与管理，包括智能监控、数据分析、风险预警等，旨在提高政府部门消防工作效能，保障人民群众生命财产安全。

（二）应用价值

信息技术在消防监督管理中的应用日益广泛，体现在提升监管效率与准确性、实现智能化预警与决策支持、优化资源配置与人员调度、促进信息公开与社会参与以及强化跨部门协作与信息共享等多个方面，为政府部门提供了更加高效、精准的监管手段，为提升消防安全管理水平、保障人民群众生命财产安全做出积极贡献。

1. 提升监管效率与准确性

信息技术的应用显著提升了消防监管的效率和准确性。例如利用物联网技术可以实时监测消防设施设备的运行状态，一旦发现异常情况，立即触发报警系统，使监管部门能够迅速做出反应。此外，数据分析技术能够对大量消防数据进行挖掘和分析，帮助监管部门准确识别潜在的安全隐患，从而有针对性地进行监管和整改。

2. 智能化预警与决策支持

信息技术为消防监管提供了智能化预警和决策支持。通过运用人工智能和机器学习算法，监管部门可以构建火灾风险预测模型，实现对火灾风险的智能评估和预警。一旦发生火灾，这些技术还能够快速生成救援方案和逃生路线，为救援人员提供科学的决策依据。

3. 优化资源配置与人员调度

信息技术的应用有助于优化消防资源的配置和人员调度。通过云计算和物联网技术，监管部门可以实时获取消防设备设施的运行状态和消防人员的分布情况，从而科学合理地调配资源，确保在关键时刻能够迅速投入救援力量。此外，还能够对消防人员进行智能排班和绩效考核，提高人员使用效率。

4. 促进信息公开与社会参与

信息技术有助于推动消防监管信息的公开和透明化，增强社会参与。通过移动应用和社交媒体平台，监管部门可以及时发布消防安全知识、火灾预警信息以及监管动态，提高公众的消防安全意识。同时，平台还为公众提供了举报火灾隐患的渠道，鼓励社会各界积极参与消防监管工作。

5. 强化跨部门协作与信息共享

信息技术为跨部门协作和信息共享提供了有力支持。通过构建统一的消防监管信息平台，各部门可以实时共享消防数据、监管信息和救援资源，加强协同配合，形成合力。这种跨部门、跨区域的协作模式有助于提升消防监管的整体效能，形成全社会共同参与的良好局面。

6. 强化责任落实与追责

信息技术还有助于政府部门强化社会单位消防工作责任的落实和追责。通过实时数据监控和分析，政府部门可以清晰掌握社会单位在消防工作方面的表现和成绩。对于工作落实不到位、存在安全隐患的单位，政府部门可以依据相关数据进行追责和处理，从而推动社会单位更加重视消防工作，切实履行消防安全主体责任。

（三）具体应用

1. 消防安全状态监测

政府部门通过引入物联网技术，实现对社会单位消防安全状态进行实时监测，主要有以下三方面的应用场景。

1）消防设施运行状态监控

随着信息技术的快速发展，消防设施的监控已逐步实现智能化、网络化。政府部门通过引入物联网技术，对消防设备设施进行实时监控，确保其在紧急情况下能够正常运行。通过安装传感器和监控设备，消防部门能够实时获取消防设施的工作状态数据，如消火栓的压力、灭火器的有效期、自动喷水灭火系统的运行状态等。一旦设施出现故障或异常，系统会立即发出警报，通知相关单位及时进行维修和更换，从而确保消防设施始终处于最佳工作状态，为灭火救援提供有力保障。

2）安全疏散通道阻塞状态监测

在火灾发生时，安全疏散通道的畅通与否直接关系到人员的生命安全。政府部门利用视频监控、图像识别等技术手段，对疏散通道进行实时监测。通过在关键区域安装高清摄像头，并运用图像识别算法，系统能够自动识别通道内的障碍物，如堆积的杂物、停放的车辆等，一旦发现通道被阻塞，系统会立即发出警告，并通知相关部门进行清理。此外，政府部门还可以利用大数据分析，对疏散通道的使用情况进行统计和分析，为合理规划疏散路线、提升疏散效率提供科学依据。

3）易燃易爆危险品监管

易燃易爆危险品的管理是消防安全的重要环节。政府部门通过运用 RFID（无线射频识别）、GPS（全球定位系统）等信息技术手段，实现对危险品的全流程监管。通过在危险品包装上安装 RFID 标签，可以实时追踪危险品的运输、存储和使用情况，确保危险品始终处于受控状态。同时，政府部门还可以利用 GPS 技术，对运输危险品的车辆进行实时监控，确保车辆按照规定的路线和时间进行运输，防止意外事故的发生。

城市消防安全远程监控系统是消防安全状态监测的典型应用。其是通过互联网对城市重点防火单位的火灾报警系统、建筑消防设施的运行状态等进行全时远程监控、巡检，对联网用户的消防安全基本情况、消防安全管理情况等信息进行查询、管理的数字化管理系统。原公安部消防局发布的《推进和规范城市消防安全远程监控系统建设应用的指导意见》旨在大力推进和规范城市消防安全远程监控系统的建设应用工作。江苏省镇江市建立了城市消防设施联网监测系统，湖南省则搭建了全省统一的“智慧消防”系统。山西省消防救援总队组织编制的地方标准明确了城市消防远程监控系统的整体系统结构和技术要求。通过这些系统的建设和应用，能够有效提升消防安全监管效率，为城市安全提供有力保障。

2. 火灾风险预警处置

利用大数据分析和人工智能算法，政府部门可以构建火灾风险预警模型。通过对历史火灾数据、气象数据、消防设备设施运行数据等进行分析和挖掘，模型能够预测火灾发生的风险点和趋势。同时，结合地理信息系统技术，可以对火灾风险进行空间分析，为制定预防措施提供科学依据。这种火灾风险预警机制能够帮助政府部门提前发现潜在的安全隐患，并采取有效措施进行整改，从而降低火灾发生的概率。由建研防火科技有限公司研发的“建筑火灾风险动态评估”软件可实时分析消防系统数据，动态输出火灾风险分析结果，并实现可视化显示，该项成果已成功运用于天安门、北京市城市副中心运河商务区等重点项目中（图 4-16）。

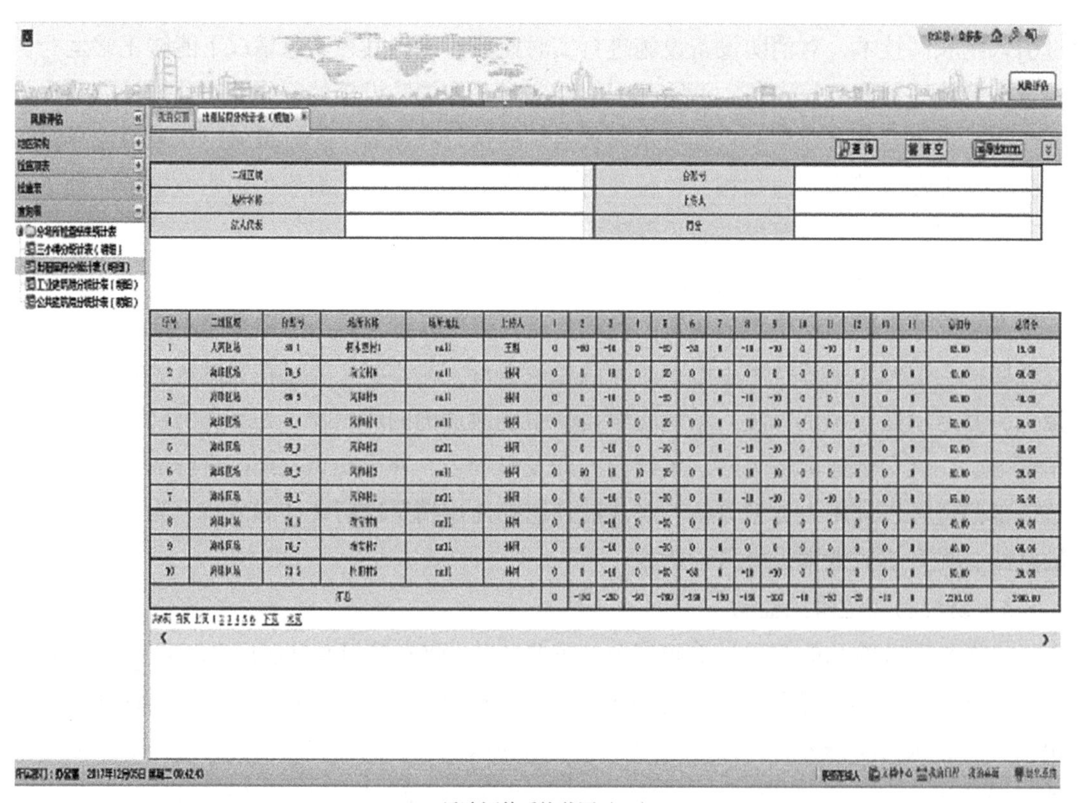

(a) 风险评估系统截图（一）

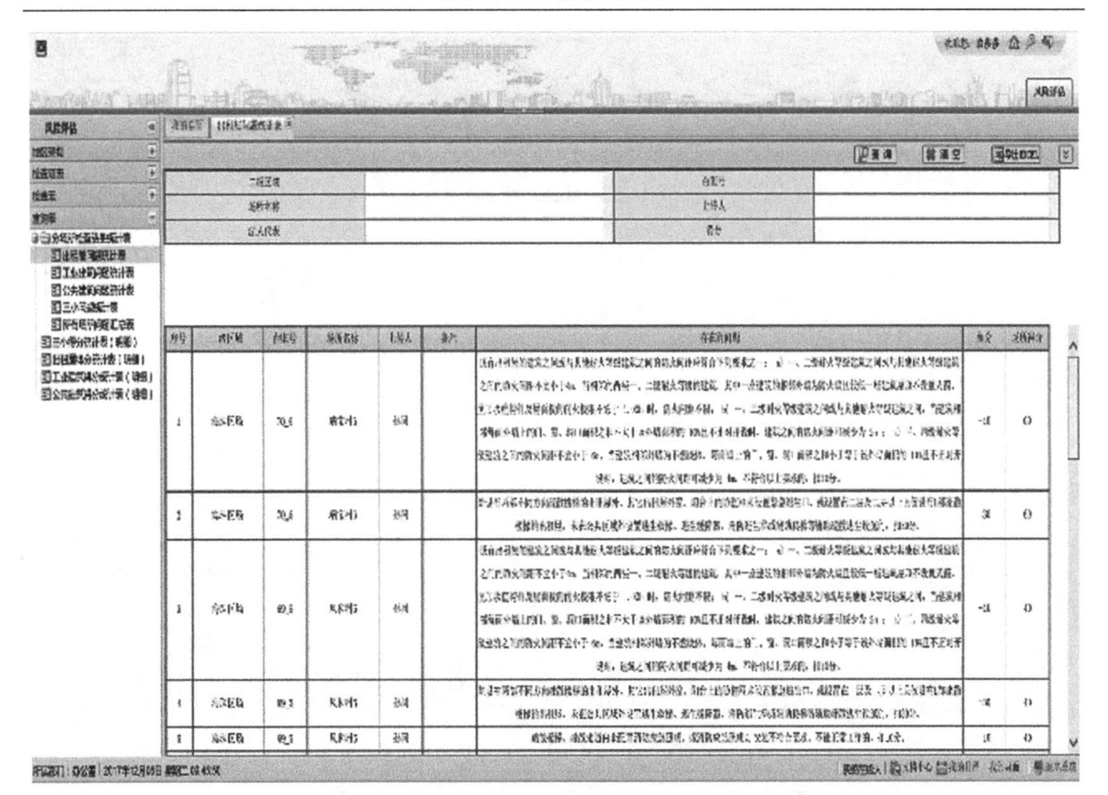

(b) 风险评估系统截图（二）

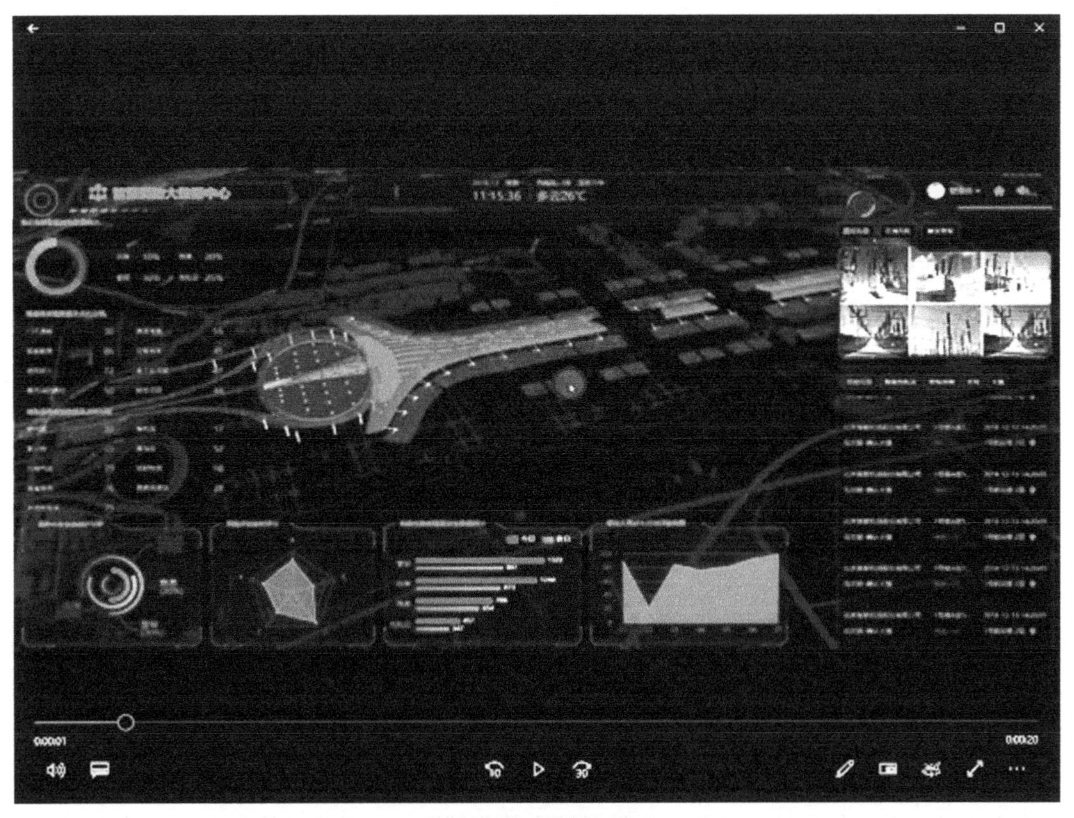

(c) 风险评估系统截图（三）

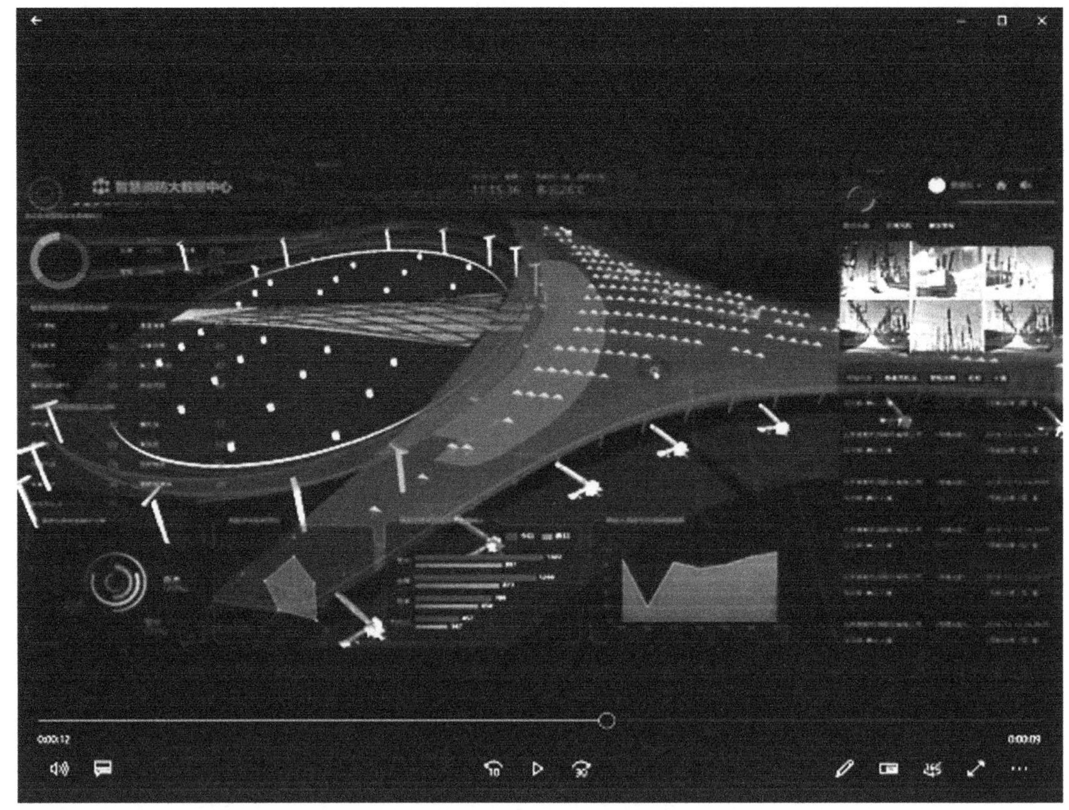

(d) 风险评估系统截图（四）

图 4-16　风险评估系统部分截图

3. 消防工作监督落实

信息技术为政府部门开展社会单位消防工作落实情况的监督工作提供了新的技术手段和机遇，不仅提升了监督效率，还增强了监督的精准性和有效性。

1）消防隐患整改情况的监督

政府部门运用信息技术，构建消防隐患整改监督系统，以加强对社会单位消防隐患整改情况的监督。通过该系统，政府部门可以实时接收社会单位上报的消防隐患信息，并利用大数据分析技术，对隐患的类别、分布和整改难度进行智能分析，从而确定重点监督对象。同时，系统还可以设置整改时限和整改标准，自动提醒和督促社会单位按时完成整改任务。对于逾期未整改或整改不到位的单位，系统将自动生成预警信息，提醒政府部门及时介入，加大监管力度。

2）消防日常巡查检查的监督

信息技术为消防日常巡查检查的监督提供了有力支持。政府部门可以利用物联网技术，建立社会单位消防安全巡查检查数据库，要求记录每次巡查检查的时间、地点、内容和结果，通过数据库的记录功能，政府部门能够实时追踪、监控巡查检查工作的执行情况，确保每一项工作都得到有效落实。

3）消防安全教育培训的监督

政府部门通过信息技术手段，加强对社会单位消防安全教育培训的监督。政府部门利用信息化平台对社会单位的培训情况进行监督，了解员工的消防安全意识和技能水平。对于培训不到位或员工安全意识薄弱的社会单位，政府部门将及时发出提醒和警告，并加强对其的指导和帮助。同时，政府部门可以建立在线教育平台，为社会单位提供丰富的消防安全教育资源，并要求其定期组织员工进行学习。

4. 技术服务机构监督

政府部门在消防监督工作中，可以借助信息技术对第三方技术服务机构的服务质量进行监督。通过构建服务质量评价体系和监管平台，可以实时收集和分析第三方机构的服务数据，如服务技术成果、服务响应时间、服务质量、客户满意度等，对不符合从业资格的依法取缔，对不按照国家标准、行业标准开展消防技术服务活动严惩不贷，对违法违规情节严重的典型案例要适时曝光，切实提高技术服务机构的整体服务水平。同时，利用大数据分析和可视化技术，可以对这些数据进行深入挖掘和展示，帮助政府部门全面了解第三方机构的服务情况，及时发现和解决问题。这种服务监督方式的实施，能够促进第三方技术服务机构提高服务质量，为消防工作提供更加专业、高效的支持。

5. 消防工作考核及事故追责

基于消防安全状态监测、消防工作监督落实等具体应用，政府部门可以利用信息技术开展社会单位消防工作质量考核，通过对监控数据信息进行深度分析，智能化输出考核结果，提高考核的透明度和准确性，确保考核结果客观公正。在火灾事故发生后，这些数据可以作为追责的重要依据，揭示设备是否存在故障或违规操作等问题。

全国各地政府部门借助信息化技术，构建起消防安全监管智能系统。以北京市通州区为例，其首个区级防灭一体化“智慧消防”平台已正式投入使用（图 4-17）。该平台深度融合信息化管理模式、物联网感知技术以及 5G 和对讲功能，有效推动北京城市副中心“智慧消防”与“智慧城市”建设同步提升、共同升级。在现代化城市消防安全管理中，该平台能够精准化地防控火灾、精细化地预警火灾，并实现应急救援的智能化，为政府部门提供了高效的消防监管工具，显著提升了消防安全管理的专业性和逻辑性。

图 4-17　北京市通州区智慧消防平台

第八节　灭火救援智能化

一、业务介绍

消防救援机构在保障社会安全方面扮演着至关重要的角色，是执行灭火救援任务的主力军，承担着保护人民生命财产安全的神圣使命。随着科技的进步和社会的发展，灭火救援工作面临着越来越多的挑战，因此，深入理解灭火救援工作的特性及其模式，对于实现灭火救援的智能化具有至关重要的基础性作用。

（一）火灾事件应急处置流程

1. 报警和接警

火灾发生时，应立即拨打火警电话 119 报警，并尽可能详细地描述火灾地点、火势大小、燃烧物质等信息。同时，单位或企业内部也应建立相应的接警程序，确保及时响应火灾事件。

2. 疏散和救援

在确保自身安全的前提下，迅速疏散火灾现场的人员，特别是那些受伤或中毒的人员。对于无法自行疏散的人员，应组织专业的救援队伍进行救援。同时，要确保疏散通道畅通无阻，防止发生踩踏等次生事故。

3. 灭火和抢险

根据火势大小和现场情况，选择合适的灭火方法和器材进行灭火。同时，要注意保护现场的重要物资和设备，防止火势扩大和造成更大的损失。对于燃气火灾等特殊类型的火灾，应采取相应的抢险措施，确保人员安全。

4. 现场保护和调查

在火灾扑灭后，要保护好现场，防止破坏和伪造现场。同时，配合消防机关进行火灾原因的调查和取证工作，为后续的事故处理提供依据。

5. 善后处理和恢复重建

在火灾事件处理完毕后，要进行善后处理和恢复重建工作。这包括清理现场、修复受损设施、安置受灾人员等。同时，要加强火灾预防和宣传工作，提高人们的火灾防范意识和能力。

（二）灭火救援工作特征

1. 技术要求高，专业性强

消防救援机构的灭火救援工作具备高度的技术性和专业性。消防救援人员需要掌握各种灭火器材和设备的使用方法，具备对不同火灾场景的判断和分析能力，以及掌握相应的救援技术和技能。此外，消防救援人员还需要进行定期的培训和演练，不断提高自身的专业素养和技术水平。

2. 协同作战，密切配合

火灾事故现场情况复杂多变，需要消防救援人员之间密切配合，协同作战。在灭火救援过程中，消防救援人员需要听从指挥，按照分工进行协作，合理利用资源，确保救援工作的有序进行。同时，还需要与其他应急救援力量进行联动和配合，形成合力，共同应对复杂的火灾场景。

3. 高强度与高风险性

灭火救援工作具有高强度和高风险性的特点。在火灾现场，消防救援人员需要承受高温、浓烟、噪声等恶劣环境的影响，同时还需要面对火势突变、建筑物倒塌等危险状况。此外，灭火救援工作还需要消耗大量的体能和精神注意力，对消防救援人员的身体素质和心理素质提出了很高的要求。

（三）灭火救援主要措施

1. 准确全面侦查火情

消防救援人员赶到火灾现场后，准确全面地侦查火情对于灭火救援工作的开展是至关重要的。因此，到达现场后指挥人员必须迅速控制消防中控室，快速并全面地了解建筑内部防排烟系统、自动灭火系统等消防设施的具体布局，根据消防设备传达的信息反馈，并参考相关人员的报告及现场初步侦查结果，对火情进行综合分析，科学确定进攻线路及供水方法，分配消防救援力量，确保救援行动的高效开展。

火情侦查的主要内容包括：一是全面侦查火灾现场的实际情况。进入火灾现场后，消防救援人员首先对起火点位置、火势蔓延走向、燃烧物质特性等情况进行全面详细的侦查，分析起火点可能扩散的范围、火势蔓延的途径及走向。二是侦查火灾现场是否存在被困人员。在火灾现场侦查工作中，侦查建筑内是否存在被困人员是高层建筑灭火救援的关键，火灾发生后不仅会产生大量的有毒有害气体，同时还面临着坍塌的风险，因此必须着重分析楼内人员被困情况，实现快速救援，减少人员伤亡。三是侦查火灾现场是否存在带电状况。与中控室、物业及时取得联系，确认火灾现场是否存在带电状况，及时切断电源，并制定科学合理的预防触电相关解决方案，严防触电、爆炸事故发生，确保现场人员安全。

2. 及时疏散人员并排烟

消防救援人员赶到现场后，根据火情制定最佳火灾救援方案，快速疏散火灾现场被困人员。当火势较小时，启用通信设备或广播，调动被困人员利用消防电梯和疏散楼梯进行有序疏散，防止出现踩踏事件；当火势较大时，宜采用“内外强攻”模式展开消防救援，消防救援人员借助消防救援绳索、消防登高云梯等救援设备，在消防高压水枪的掩护下强行进入火灾现场，并严格遵照科学合理的方案，疏散及搜救火灾现场的被困人员，紧急状况下还可利用破拆工具拆除相关建筑，保障救援通道的无障碍通行。消防救援人员在人员疏散及搜救的过程中，可借助机械式排烟，排出建筑内的有毒有害气体，防止被困人员发生窒息、中毒，提高室内可见度，还能消除被困人员的恐慌、焦虑的心理，从而高效地完成安全疏散任务。

3. 合理使用建筑内部的供水系统

消防救援供水是确保高层建筑灭火救援行动成功的关键。但是有时受高层建筑楼层高、供水困难等因素的影响，无法为消防救援人员提供外部水源，因此在开展灭火救援行动时，需要采用建筑内部供水系统。高层建筑内部的供水系统通常有消火栓、自动喷淋装置以及消防蓄水箱等。在火灾发生初期，起火单位第一时间调配专职消防管理人员，使用建筑内部的供水系统进行初期火灾的扑救，为消防救援行动争取更多的救援时间。在消防救援人员到达现场后，快速启动消火栓、高压水泵以及火焰喷淋装置等，对建筑内部的供水系统进行二次增压补水，在最短的时间内扑灭火势，防止建筑内火势的进一步蔓延。

4. 采取以内攻为主的灭火战术

由于高层建筑楼层较高，火灾发生时，消防救援人员通常采用以内攻为主的灭火战术。“内攻”主要是借助逃生楼梯以及消防电梯等，及时疏散楼内被困人员和抢救重要物资，确保人民生命财产安全。消防救援人员在执行内攻任务的过程中，根据物业管理人员提供的现场详细信息，精准分析与判断起火点，配备齐全的个人防护装备及消防救援器材，通过制定的进攻路线，乘坐消防电梯或从防烟楼梯间快速到达指定地点，减少消防救援人员体能消耗，在人员搜救和疏散时坚持“左下右上”的基本准则，避免楼梯拥堵或影响供水线路铺设，提高高层建筑灭火救援行动效率。

5. 应用新型灭火技术及设备

随着自动控制技术和智能技术的发展，新型灭火设备及消防机器人得以研发。消防机器人可以代替消防救援人员进行摄像、侦查、灭火作战等，保护消防救援人员的生命安全。因此，从灾情复杂性以及消防救援人员生命安全的角度出发，加强消防机器人的应用成为现代消防工作发展的必然趋势。为降低火灾所带来的损失，可充分发挥消防机器人在灭火救援工作中应有的作用，提升灭火救援技术水平。消防机器人的应用主要体现在以下两个方面：一是熟练掌握消防机器人技术。要想在灭火救援行动中加强消防机器人的应用，消防救援人员必须熟练掌握消防机器人技术。因此，需要定期对消防机器人操控技术开展模拟训练，不断提升消防救援人员操控消防机器人的水平，才能在灭火救援实践中灵活应对各种突发状况，确保灭火救援行动的高效实施。二是结合多地形进行实际操作。要想充分发挥消防机器人在灭火救援中的积极作用，就必须提升消防机器人的实际作战能力。但是从目前实际情况来看，我国消防机器人的应用仍处于发展阶段，在灭火救援中存在很大的不稳定性，要想提升消防机器人实践中的稳定性，必须结合多地形对消防机器人进行反复的模拟训练。如山地地形的灭火救援工作中适合履带式消防机器人；较狭窄地形的灭火救援工作中适合侦查型和轮式消防机器人，针对不同地形对适用的消防机器人进行模拟和实战演练，提升消防救援人员实际操作水平，进而提高灭火救援水平。此外，还应加强消防机器人在易燃易爆、有毒烟雾等复杂环境中应用的模拟和实战演练，提升操控能力。

6. 制定科学合理的灭火救援方案

把握最佳救援时间是提升消防灭火救援行动质量的最佳途径。因此，必须对火灾现场以及建筑内消防设备设施等情况进行全面侦查，制定科学合理的灭火救援方案，在最短时间内实施救援，提升灭火救援行动质量和效率。为了确保灭火救援方案的科学合理性，需要做到这三点：一是充分做好前期调研工作。消防救援人员到达现场后，首先应做好前期调研工作，充分了解高层建筑内部情况，掌握建筑的结构形态、功能分区等。二是对重点区域的把握。围绕建筑内部布局特点、进攻路线、出入口通道、固定消防设施、移动供水线路等灭火救援重点做好建筑内部划分，形成科学的灭火救援方案，提升方案的有效性。三是定期开展联合演练。根据制定的灭火救援方案，定期开展预案演练，检验方案的合理性，同时通过演练，提升消防救援人员流程熟悉程度，才能临战不慌。

二、场景说明

（一）概念

灭火救援智能化是利用大数据分析、机器学习等现代信息技术手段，对灭火救援的全过程进行智能化辅助和升级，以提升灭火救援效率、降低火灾损失、保障人民生命财产安全。

（二）应用价值

随着科技的进步，现代信息技术已广泛应用于灭火救援工作中，为提升救援效率和减少灾害损失发挥了重要作用。

1. 提升救援响应速度

利用大数据和机器学习算法，可对发生火灾的建筑地理环境、建筑物结构以及人员分布等关键信息进行快速处理，从而迅速确定最优的救援路线和力量部署方案。不仅缩短了救援响应时间，而且有助于合理分配救援资源，确保救援行动的高效性。

2. 优化资源配置与利用

信息技术可以对消防部门的人员、设备以及情报信息等进行智能分析和研判，实现资源的优化配置和高效利用。通过对历史数据和实时信息的挖掘，人工智能可以预测火灾发生的可能性和趋势，从而提前进行资源调配和准备。这种基于数据的决策支持，有助于提升消防资源的利用效率，确保在关键时刻有足够的资源投入救援行动。

3. 降低人员伤亡风险

信息技术可以为灭火救援提供准确的预案制定和火灾类型判断，帮助指挥人员做出正确的救援决策。通过智能分析和预测火灾发展趋势，信息技术可以为现场救援提供及时的信息支持，辅助指挥人员制定更加科学合理的救援方案，从而有效降低火灾事故中的人员伤亡风险。

4. 减少经济损失

信息技术的应用有助于降低火灾事故造成的直接和间接经济损失。通过快速响应和高效救援，可以减少火灾对财产和设施的破坏程度，降低灾后修复和重建的成本。同时，通过对火灾隐患的预测和及时发现，还可以帮助消防部门提前采取防范措施，减少火灾发生的可能性，从而降低因火灾造成的间接经济损失。

5. 提高管理效率

信息技术的应用还可以帮助消防部门提高管理效率，降低运行成本。通过构建智能化的消防指挥中心，消防部门可以实现对各类数据的自动化采集、处理和分析，减少人工干预和错误。同时，利用物联网技术实现设备状态的实时监测和预警，可以减少非常规巡查的次数和人力成本。这些措施共同提升了消防部门的管理效率和服务水平。

（三）具体应用

1. 火灾态势感知预测（图 4-18）

火灾态势感知预测技术是结合了人工智能、大数据分析、数理统计学等多种学科的理论与技术，旨在通过对火灾现场的各类数据进行实时收集、分析和处理，从而实现对火灾态势的精准感知和预测。由北京市消防救援总队承担、中国建筑科学研究院建筑防火所主要参与的应急管理部消防救援局科技计划项目《面向灭火救援辅助决策的早期火灾蔓延趋势可视化研究》，主要技术成果"灭火救援指挥辅助决策系统"实现了火灾态势感知预测功能。该系统根据建筑平面布局及消防设备设施动作信息等数据基础，建立专业算法模型，分析研究着火建筑的火灾烟气蔓延规律以及火灾对被困人员的影响，自动生成火灾蔓延趋势"一张图"，利用三维模型描述火灾蔓延变化情况，为制定灭火救援策略提供科学依据。

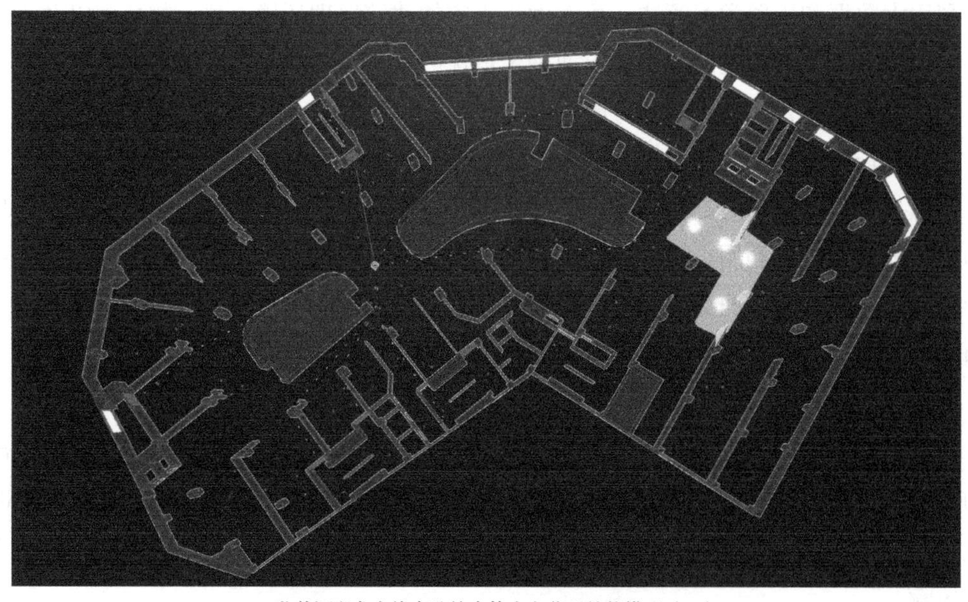

(a) 北戴河兴龙广缘商业综合体火灾蔓延趋势模型（一）

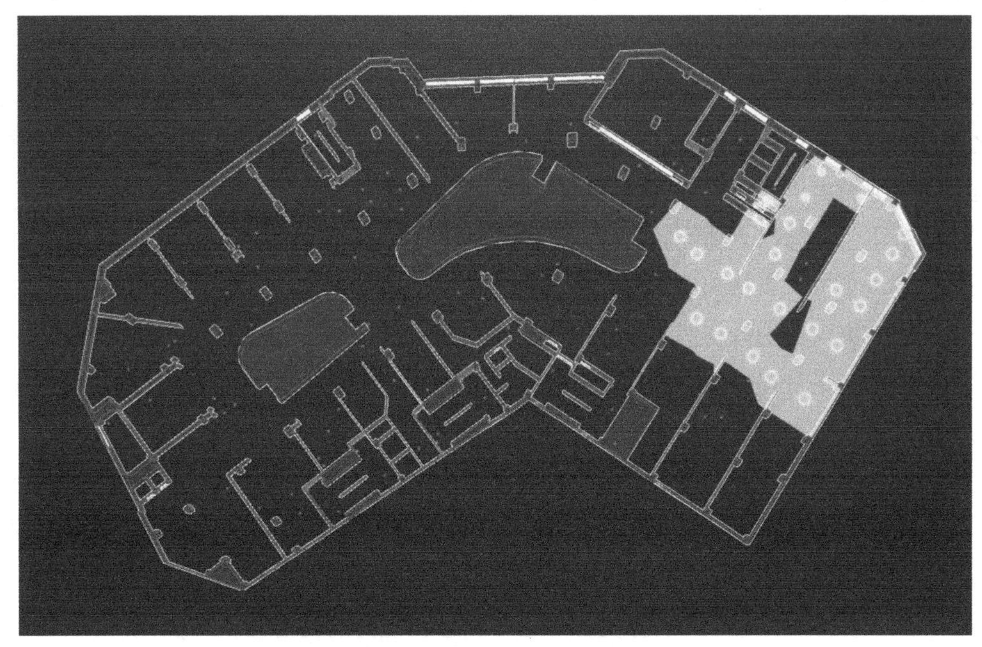

(b) 北戴河兴龙广缘商业综合体火灾蔓延趋势模型（二）

图 4-18　北戴河兴龙广缘商业综合体火灾蔓延趋势模型展示

2. 灭火智能决策支持（图 4-19）

在火灾态势感知预测的基础上，信息技术也可以为决策者提供智能决策支持。通过构建决策支持系统或运用智能算法，系统能够自动生成多种救援方案，包括灭火救援进攻路线设计、人员疏散路线设计等内容，并对每种方案的可行性、效果和风险进行评估。决策者可以根据这些信息，结合实际情况和救援需求，快速选择最优的救援方案。利用灭火智能决策支持技术，不仅提高了救援效率和准确性，还降低了决策风险，为灭火救援工作提供了有力保障。

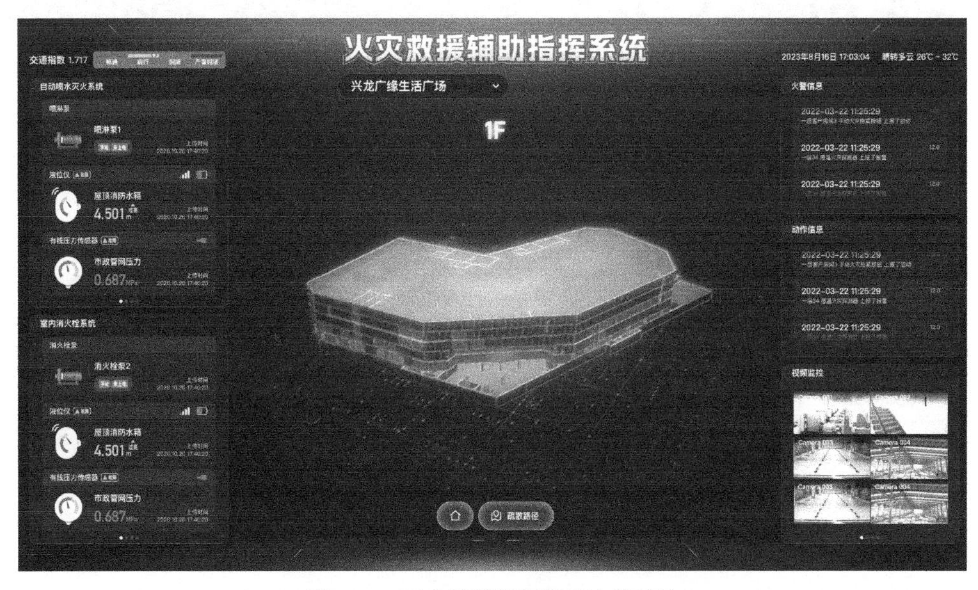

图 4-19　灭火救援指挥辅助决策系统

3. 灭火智能调度系统（图 4-20）

灭火智慧调度系统是将决策支持层的结果转化为具体的救援指令和调度命令。通过可视化界面和智能语音交互等方式，实时展示火灾现场的态势和救援进展，帮助救援指挥组快速、准确地做出决策，实现灭火救援行动的智能化调度。

该系统主要包括以下功能：

（1）移动指挥：支持消防员利用智能移动设备（如平板电脑、智能手机等）随时接入系统，获取火灾现场的最新信息，包括火势蔓延情况、救援人员位置、消防设备状态等。同时，移动指挥平台提供实时的通信协作工具，如语音通话、视频会商等，确保指挥部与现场人员之间的信息畅通，提升决策与执行的效率。

（2）火场监测：利用高清摄像头、热成像仪等多种传感器设备，对火灾现场进行全方位、多角度的实时监测，对灭火救援行动进行动态调整和优化，确保灭火救援行动的高效开展。

（3）战勤保障：实时监控消防设备的运行状态和物资消耗情况，及时预警并调配补充，确保灭火救援行动中的物资和设备供应充足。同时，系统还提供了人员调配功能，根据火灾现场的实际情况和救援需求，智能匹配并优化救援人员的配置，提高救援效率和质量。

近年来，我国在应急指挥系统建设方面取得了一定的进展，各级政府相继建立了应急指挥平台，实现了对各类突发事件的监测、预警和处置。下图为东莞市智能调度系统截图，该系统上传下达应急信息，保障市政府值班和应急值守，以及各级领导对重特大和综合性突发公共事件以及常见气象灾害的应急处置，实现与相关部门应急指挥系统接入、图像接入、通信指挥调度的互联互通。

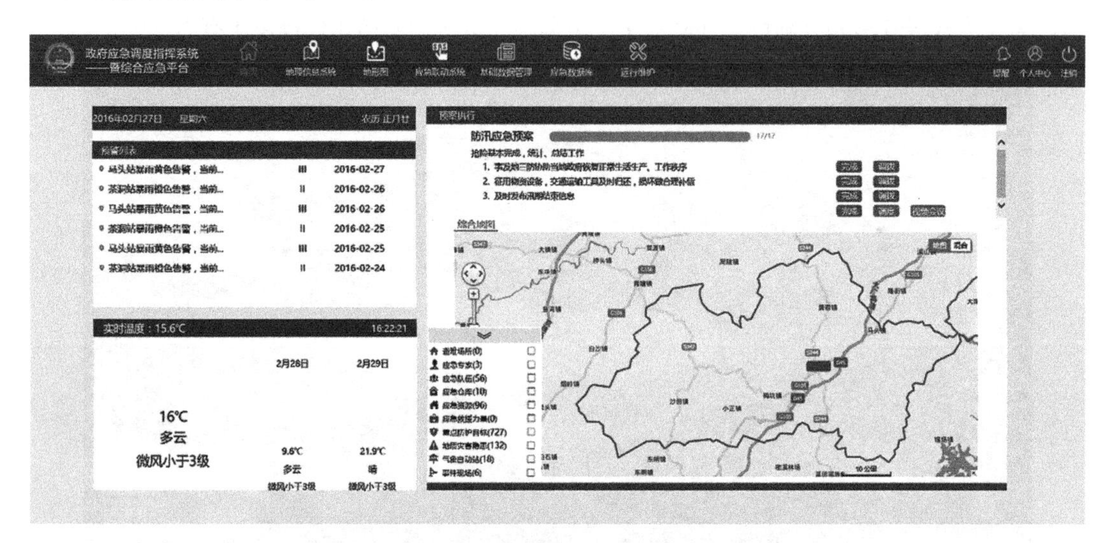

图 4-20　东莞市政府应急调度指挥系统

4. 灭火辅助机器人（表 4-2）

灭火辅助机器人是一种专门用于灭火救援过程中的特种机器人，可以在高温、浓烟、有毒等恶劣环境下完成火灾探测、灭火、救援等任务。灭火机器人可以替代消防员从事一些危险的灭火救援作业，有效保护消防员人身安全，提高救援效率。

灭火辅助机器人　　**表 4-2**

序号	名称	照片	主要性能
1	四驱柴油消防机器人		柴油动力强劲，续航力长，气体探测仪保障安全。150L 水炮全方位灭火，三水带供水流量大。离地间隙高，越障能力强，适合复杂环境。带有喷淋头自降温，前端可选避障功能。操控简便，集成控制仪表显示关键信息。可远程视频监控和气体监测
2	消防排烟机器人		柴油动力强劲，续航力强。配备 80L 旋转俯仰水炮与双水带，灭火全方位、大流量。离地 200mm，适应复杂地形。避障功能保安全。6 种气体探测，保障作业环境。无线遥控轻便，集成仪表显示关键信息。可远程监控、环境监测
3	灭火机器人		升降曲臂 15m 高，前后避障装置保安全。上部曲臂 360°旋转，全方位灭火。防护等级 IP65，双水带大流量。液压支腿一键调平，应急控制系统完备。大容量随车工具箱，携带 4 条水带

参考文献

[1] 倪鑫宇. 基于语义网的建筑消防设计合规性自动审查研究[D]. 武汉: 华中科技大学, 2021.

[2] 秦漪濛. 基于新零售场景体验的售卖车设计研究[D]. 无锡: 江南大学, 2021.

[3] 邓亚. 三维建筑消防设计图纸审查系统的研究与实现[D]. 北京: 北京建筑大学, 2016.

[4] 李向军. 从消防验收看消防规范的 12 条金规铁律[C]//中国建筑学会建筑给水排水研究分会, 中国建筑设计研究院有限公司. 中国建筑学会建筑给水排水研究分会第四届第二次全体会员大会暨学术交流会论文集 (下册). 北京: 水发绿建 (北京) 城市科技发展有限公司, 2023: 10.

[5] 张婷婷, 吴斌斌, 李跃浩, 等. 建设工程消防验收工作相关问题探讨与对策建议[J]. 广东土木与建筑, 2023, 30(10): 73-75.

[6] 刘超. 高层建筑消防灭火救援措施研究[J]. 今日消防, 2023, 8(7): 32-34.

[7] 江南, 陈立波, 邵琦, 等. 火灾数逐年下降 救援成功率越来越高[N]. 浙江法治报, 2024-3-14(4).

[8] 代前军. AI 可视化智能消防综合信息平台发展研究[J]. 消防界 (电子版), 2021, 7(3): 71-72.

第五章

智慧消防项目建设

“智慧消防”是对传统消防行业的智能化改造升级，通过对感知层、网络层、数据层、应用层和服务层等多个层面的设计部署，搭建可视化、高效能的预警、防控、应急和救援处置体系，推进消防预警信息化、防控智能化、管理精细化、指挥数字化。

智慧消防项目建设宜按照可行性研究、方案设计、项目施工、竣工验收、运维管理的流程进行，科学实施。

第一节　概述

一、建设目标

建设工程项目是为完成依法立项的新建、扩建、改建工程而进行的、有起止日期的、达到规定要求的一组相互关联的受控活动，包括策划勘察、设计、采购、施工、试运行、竣工验收和考核评价等阶段，简称为项目。

智慧消防项目建设应该符合国家及地方工程建设、数字化建设及相关消防技术标准等规定要求，智慧消防项目建设应根据国家、地方及单位的技术、经济、组织等情况进行统筹规划、协同建设。

智慧消防系统建设应根据国家、地方及单位关于“智慧消防”建设的决策部署，在不影响现有消防设施正常运行的情况下，基于原有消防设施，加装智慧消防物联网专用设备，深度运用物联网、大数据、BIM、GIS 等新一代信息技术，整合共享消防基础设施信息资源，实现火情的快速预警，为火灾防控、应急处置提供科学有效支撑，为各级救援力量应急指挥快速布防提供决策辅助，加速推进现代科技与消防工作的深度融合，提升消防信息化水平，保障城市区域和建筑的消防安全，发挥智慧消防在企业集团、本地城市乃至全国的示范作用。

二、建设阶段

工程项目建设程序是指工程项目从策划、评估、决策、设计、施工，到竣工验收、投入生产或交付使用的整个建设过程中，各项工作必须遵循的先后工作次序。工程建设阶段大致可分为策划决策阶段、工程设计阶段、采购与施工阶段、交付使用阶段，建设完成交付后进入长期的使用运维阶段。

智慧消防项目建设是一个系统的工程建设，是全生命周期建设和管理的过程。依据工程项目建设要求，将智慧消防项目建设分为可行性研究阶段、方案设计阶段、项目施工阶段、竣工验收阶段和运维管理阶段（图 5-1）。

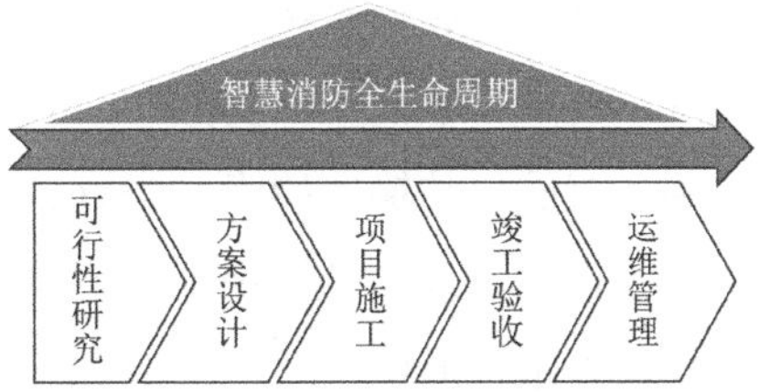

智慧消防全生命周期

可行性研究　方案设计　项目施工　竣工验收　运维管理

图 5-1　智慧消防项目建设阶段

三、建设原则

智慧消防项目按照“纵向贯通、横向交换”的原则，统一数据标准、规范数据来源，对消防内部资源和外部资源进行收集、融合、分析及深度挖掘，建成高集成、高智能、高效率、高稳定性的应用系统，同时也能够与智慧建筑、智慧园区或智慧城市等各个系统之间实现数据互联互通及整体联动。

1. 严格遵守国家标准原则

智慧消防项目建设严格遵循国家标准《城市消防远程监控系统技术规范》GB 50440—2007、《建筑消防设施的维护管理》GB 25201—2010，以及其他建筑防火、建筑消防设施的设计、建设和验收规范。

2. 开放共享原则

智慧消防项目建设将来要为城市安全以及智慧城市建设服务，就必须确保平台的开放性。制定统一的数据接口标准规范，在权限允许的情况下，允许数据接入和数据推送至其他平台，与其他平台数据互联互通，制定各种消防数据质量监测规则，对数据交换流转过程进行实时监控，对照数据交换标准进行清洗转换，以整合到统一的信息资源共享库。

3. 经济适用原则

坚持集约利旧理念，针对已有的消防系统或数据，应将其接入到智慧消防系统中，加强集约化建设，避免重复建设。以满足实际应用为原则，坚持先进，兼容传统，实现系统集成、系统互联、资源整合与数据共享。把实用性放在第一位，可边建设、边试用、边调整，把系统建设成“实用工程”。在产品选用方面，按照可靠适用、适度、适当的原则进行配置，在保证系统安全可靠的前提下，保证系统具有高的性能价格比。

4. 安全可靠原则

智慧消防系统建设应遵循安全性、稳定性、可靠性的原则，采用先进合理的平台架构设计、数据结构设计和信息安全设计，选择领先可靠的物联网硬件，夯实信息安全底座。

5. 可扩展原则

建设智慧消防系统是一个持续性的过程，消防系统在设计的同时，应为后期的发展留出可拓展的空间、系统容量等。系统应具有良好的兼容性和可扩展性，便于用户对系统进行功能扩展和升级迭代。城市级智慧消防系统建设可分阶段进行，试点先行，全面推广应用。

6. 易操作原则

智慧消防软件系统建设，应遵循以人为本的设计理念，人机界面友好、界面设计科学合理、操作简单，适应多功能、外向型的需求，对于来自内外的各种信息进行便捷的收集、处理、存储、传输、检索、查询，在为实际使用者和管理者提供有效的信息服务的同时，也为用户和管理人员提供高效的操作流程和良好的应用环境。

7. 可维护原则

系统应具备自检、故障诊断及故障弱化功能，在出现故障时，应能得到及时、快速的确认，优化修复环节。

8. 先进性原则

智慧消防软件系统设计应以需求为导向，系统的架构和技术应符合高新技术的发展趋势，在满足功能的前提下，系统的网络通信、硬件设备、系统软件技术应代表当今计算机技术发展的方向，能够保证火灾的早期预警、快速响应和有效控制。系统各平台提供二次开发接口，应保证各项技术可以不断地更新和升级，以维持系统的先进性。

9. 标准化原则

智慧消防软件系统应做好顶层设计，坚持可持续、可复制、可推广的原则，系统的标准化程度越高、开放性越好，则系统的生命周期越长。系统的控制协议、传输协议、接口协议、视音频编解码、视音频文件格式等均应符合相关国家标准或行业标准的规定，实现数据的标准采集、处理、管理、调度等全自动化管理。

四、建设内容

智慧消防项目建设应包含系统建设、物联网硬件建设、基础设施建设和保障体系建设等在内的各方面、全方位的配套建设，以下主要从智慧消防系统建设和智慧消防物联网硬件建设两个方面论述。

（一）智慧消防系统建设

智慧消防系统的建设不能影响现有消防系统及消防设施正常运行，如现有的消防系统已经设置火灾自动报警系统、消防供水设施、消火栓（消防炮）灭火系统、自动喷水灭火系统、电气火灾监控系统、防烟与排烟系统等，应在现有系统基础上加装智慧消防专用硬件，并将采集信号接入智慧消防系统。如已建立安防系统，应将安防系统中的识别人数、视频监控等信息，通过API等接口方式接入智慧消防系统中，实现安消一体化。与安全有关的其他行业数据信息，如危险化学品存储信息、库区环境等信息，也应接入智慧消防系统中，实现消防安全数据的融合。

智慧消防系统建设分为业务应用系统、物联网数据平台和大屏展示平台等，也就是广义上的大屏、中屏、小屏。

（1）智慧消防业务应用系统：建设业务应用系统的目的是解决消防业务问题和痛点，其包含单项应用和集成应用系统，如用电安全监测系统、消防用水监测系统、电动车充电监测系统、防火门监测系统等属于单项应用系统；包含消防日常管理、各系统智能监测、应急救援处置等多项功能应用的系统属于集成应用系统。建议在统筹设计合理、资金投入较充足的情况下优先选择集成应用系统，便于整体解决消防问题。

（2）智慧消防物联网数据平台：物联网数据平台即为物联网数据中台，主要解决多源异构传感数据的融合、物联网环境下大规模数据的实时处理及跨系统的数据交互等问题，包含多源异构数据采集、海量数据储存、数据清洗、数据分析、建立专题数据库、数据研判等服务。

（3）智慧消防大屏展示平台：大屏展示平台作为一种信息展示和交互的工具，已经成为企业、消防监督部门、城市建设部门等快速全面接收信息的途径，其包含数字孪生底座、信息融合展示、监测预警报警、数据分析研判等内容。

（二）智慧消防物联网硬件建设

建设智慧消防物联网硬件总体上分为两大类，包含消防物联网感知类硬件和消防物联网网关类硬件。

（1）消防物联网感知类硬件：包括各类感知设备、电子标签、视频采集终端、固定应用终端、移动应用终端及第三方接口设备等，实现对各类消防数据的采集。

（2）消防物联网网关类硬件：包括各类网络设备和传输设备，实现对各类消防数据的传输。

第二节　可行性研究

基于对消防安全要素及消防业务流程的深入理解，结合国家智慧城市发展战略和智慧消防建设理念，对智慧消防建设进行可行性研究。智慧消防项目可行性研究应对建设区域及建设条件进行现场勘察，分析消防安全和消防信息化建设现状，结合用户需求，基于技术发展和实施条件，研究实施方案，估算建设成本，预估经济和社会效益，最终形成《可行性研究报告》。《可行性研究报告》编制单位应具有工程咨询资质。

对城市公共区域、各类建筑物或单体建筑的消防安全进行现场调研，挖掘消防安全现状及问题，在智慧消防项目投资决策前，对项目实施的可能性、有效性，以及如何实施、相关技术方案和财务效果等进行全面的技术经济论证，寻求最优方案。

一、消防安全现状分析

（一）分析目的

基于本地消防安全政策法规、经济、技术等发展情况，建设智慧消防项目前，首先对消防安全现状及已实施消防项目情况进行收集分析。通过对本地消防安全现状的调研，总结分析现有的消防问题，在原有消防工作的基础上，利用互联网、大数据等技术提升消防管理水平，更有针对性地建设智慧消防项目。

（二）分析内容

智慧消防建设区域范围不同，消防安全现状也不同，如针对建筑单体或建筑园区消防，主要分析其建筑构造、消防设施、消防管理、重点部位等；针对城市消防，除上述内容外，还应分析城市消防资源、区域风险、消防监管、重点场所等。

1. 建筑单体或建筑园区消防

依据不同的智慧消防建设范围，选择相关的分析内容，针对建筑单体或建筑园区的消防安全现状，分析建筑消防构造、消防设备设施、风险隐患、消防管理情况、重点部位、消防信息化现状等。

1）建筑消防构造

对建筑物消防安全现状进行全面评估和分析，如对建筑物耐火等级、建筑物防火防烟分区、建筑物疏散楼梯、疏散通道、建筑平面布局、建筑装饰装修材料等现状进行收集。

2）消防设备设施

建筑消防设施是防范和扑救建筑初期火灾的基础，对于保障建筑消防安全具有十分重要的现实意义。应对建筑消防设施设置的合理性、设施完好率、设施检测维保等情况进行分析。

3）消防管理情况

对单位消防责任制落实情况，管理人员、管理流程、管理制度、培训教育、日常巡查检查等情况进行分析。

4）重点部位

《机关、团体、企业、事业单位消防安全管理规定》第十九条规定，消防安全重点部位是指容易发生火灾，一旦发生火灾可能严重危及人身和财产安全，以及对消防安全有重大影响的部位。不同建筑场所的重点部位不同，如《高层民用建筑消防安全管理规定》要求，高层民用建筑内的锅炉房、变配电室、空调机房、自备发电机房、储油间、消防水泵房、消防水箱间、防排烟风机房等设备用房应当按照消防技术标准设置，并确定为消防安全重点部位。确定重点部位后，应分析重点部位消防安全现状。

5）消防信息化现状

分析数据机房、物联感知设备、网络传输、数据安全等基础信息化设备设施情况；收集现有的系统软件建设情况。

2. 城市消防

针对城市智慧消防建设的消防安全现状，分析其城市消防资源情况、区域风险隐患、消防监管情况、消防重点场所、消防信息化现状等。

1）城市消防资源情况

针对某城市或城市区域消防建设项目，首先了解该城市的消防资源情况：

（1）城市消防供水情况，包括供水管网的水量、压力，市政消火栓的数量、间距，供水设施的维保情况等。

（2）城市消防站的布局、数量及配备物资。

（3）城市消防道路规划设置及通畅情况。

（4）城市消防队伍及联动部门配备及资源。

2）区域风险隐患

排查不同的风险隐患，如违法违规施工作业和生产经营、安全疏散情况等，对城市区域风险进行评估。

3）消防监管情况

针对区域性火灾隐患和重大火灾隐患，调研消防监管过程的巡查检查、隐患排查、隐患整改、整改资金、整改进度、整改责任等情况，以及监督单位日常消防管理流程、管理方式、管理制度等情况。

4）消防重点场所

对城市区域建筑概况进行摸底调查，将建筑场所进行分类，如三小场所（九小场所）、医院、商业综合体、工业园区、学校、文物古建等，采用抽样调查的形式，分别对各类场所进行信息收集和分析。

二、消防业务需求调研

（一）调研方法

以用户需求为导向，尽量全面地收集他们的需求，是整个智慧消防项目建设的基础，用户需求是否能准确地获得是整个分析方法的基石，因而前期进行的需求调研非常重要。为更好地了解用户的需求和期望，从而更好地满足用户需求，在进行需求调研时，可以采用以下方法：

（1）资料分析法：对智慧消防建设对象进行实地调研和资料收集，系统分析各个岗位职能的消防管理职责、权限以及其在管理中的需求，同时结合本地模式下的智慧消防建设的相对优势和特点，梳理出所有消防管理职能的管理体系架构和在建设进程中不断凸显出来的问题和矛盾，找出最契合的解决方法和建议。

（2）问卷调查法：通过编写调查问卷收集需求，是目前国内外社会调查中被广泛使用的一种方法，编写调查问卷、分析回答的内容，从而获得大量的有用信息，了解客户对产品或服务的看法和需求。它的优点在于效率高和成本低，可以快速获取大量客户反馈，且数据容易统计和分析。

（3）访谈法：通过交谈的方式获取需求。访谈是需求调研中最常见，也是应用最多的方式。该方法的优点：搜集资料的完成率高，提问的方式较灵活，可以对问题进行更有深度的调查。但同时它的缺点也非常明显：费用较高，时间和人力的花费比较大，而且访谈是否成功几乎大部分取决于采访者的水平。深度访谈法是针对客户个体的需求分析方法。可以选择一些典型用户进行深度访谈，了解其对产品或服务的需求，这种方法可以获得更加具体和深刻的需求信息。

（4）焦点小组法：焦点小组法是在一定人数范围内集中讨论特定问题的研究方法。可以邀请一些具有代表性的客户组成焦点小组，进行项目需求和产品设计的交流和讨论，分析他们在接触产品时的感受、评价和建议，以确定产品或服务的方向和改进空间。

（5）现场观察法：现场观察法是一种通过观察来了解客户需求和行为特征的方法。到实际现场观察用户使用产品或服务的过程，了解用户对产品或服务的评价和需求。这种方法可以获得更真实的需求信息，有利于产品或服务的优化。

（6）用户测试法：用户测试法是一种将产品或服务交给典型用户使用，并记录使用过程和结果的方法。这种方法可以深入了解用户需求，为产品或服务的改进提供具体的思路与方向。

（7）信息收集法：该方法是调查者通过查询历史资料、研究文章、行业报告、政策法规等相关信息，了解和判断行业趋势，粗略地把握判断用户需求。这种方法非常依赖于调查者对市场的敏感性，准确性和客观性不高。

（8）数据分析法：该方法是从历史资料或软件系统中获取需求，根据一定的规则对批量数据进行检索、统计、汇总，是一个信息加工、分析的过程。一般情况下，该方法适用于已经存在的产品或者服务，可为产品和服务的迭代提供依据。

不同的需求调研方法适用于不同的场景和目的，需要根据实际情况选择合适的方法来进行调研，进而更好地了解用户的需求和期望，为智慧消防建设提供参考和依据。用户的最原始需求通常是无法考虑软件技术层面是否能够实现的，它是基于非计算机的操作模式而被提出来的，因此提出的很多需求往往比较理想化，项目人员必须实事求是地从技术可实现的角度出发，理解用户现有的管理模式和业务流程，从了解需求、分析需求、优化需求到实现需求。

（二）调研内容

通过对现场调研、文献和历史资料的查询以及用户访谈等方式获得用户需求的原始数据；再通过对原始数据进行分类整理，将需求相近的内容粗略地合并同类项，规范表述、精简内容、简明扼要；最后根据需求分类对智慧消防系统平台建设用户各方面需求进行详细阐述。

针对建设对象深入开展调研工作，深入了解单位概况、消防业务、应急处置、重点对象、信息化及特定需求等，梳理用户需求。调研内容包括：

（1）单位总体概况：包含单位概况、单位业务范围、单位组织架构、场所信息及设备设施等内容。

（2）消防业务需求：消防部门组织架构及职责划分、相关制度文件、消防工作流程及记录、日常巡检流程及记录、日常维修流程及记录、消防安全检查、消防评估报告或维保记录、消防值班室的情况、消防培训教育、突出的消防隐患问题等内容。

（3）应急处置需求：应急处置力量、应急处置指挥调度业务流程、火灾历史数据、应急预案、应急事件等内容。

（4）重点对象需求：消防工作的重点场所和区域、工作要点、工作流程、消防工作痛点需求等内容。

（5）消防信息化需求：机房建设、网络通信、物联网传输接口、软件系统、软件开发数量、反应速度等性能化要求等内容。

（6）特定需求：对特定场所的消防专项需求，如工厂生产工艺对消防的需求，危化企业对消防的安全需求等。

三、项目可行性分析

智慧消防项目可行性分析应根据项目具体实施范围、现状及特点展开，主要包括以下方面：

（一）技术可行性

智慧消防项目建设涉及多方面的技术，包括物联网硬件、网络传输方式、软件开发方法、系统布局和架构、输入输出技术、系统相关技术等，应该全面和客观地分析所涉及的技术成熟度和现实性。

智慧消防项目所涉及的技术包括传感器网络、数据采集与分析、预警系统等方面。这些技术都已经在其他领域得到了广泛应用，随着物联网、云计算、大数据等技术的发展，智能化消防技术已经取得了大量的研究成果。各类传感器、监控设备、智能软件等技术已经成熟可靠，为目前智慧消防项目的实施提供了坚实的技术保障。

（二）经济可行性

经济可行性分析可以采用工程估价法、净现值、内部收益率等方法和指标对项目投资额和盈利能力进行分析，采用投资回收期、流动比率、速动比率对项目的偿债能力进行分析；采用生产能力利用率、敏感度系数对项目抗风险能力进行分析。

建设城市级智慧消防项目应该根据本地区域经济发展水平和经济发展要求，对项目投资额进行评估，配套相应的资金进行建设。

建设企业级智慧消防项目应基于企业的发展要求，根据市场产品价格和业务需要内容，分析测算拟建项目直接产生的费用，确定项目预算。

（三）市场可行性

应调研市面相关的智慧消防产品，要求其足以支撑业务需求，横向比较确定合适的产品。对市场上目前的智慧消防平台产品进行比较，可以发现这些产品的区别在于：

1. 产品功能的侧重点不同

有的平台产品只侧重于消防问题的一个方面，例如安全用电、消防水、防排烟单系统的物联网监测等；有的平台产品则包含了几乎所有的消防问题的监测。有的平台产品包含了消防日常管理的部分，有的则包含了灭火救援的部分。

2. 产品功能的深度不同

有的平台产品只是监测、记录消防数据，有的平台产品在监测、记录消防数据的基础上利用大数据技术对消防风险进行分析预警，还有的平台产品还可以提供实时的火灾风险评估功能。

3. 产品功能的使用者不同

有的平台产品的使用者是消防监管部门，有的平台使用者是单位用户；有的平台实现了信息的共享，为消防部门、政府部门、单位用户、维保商等开放了不同的功能权限。

根据用户需求整合市场上的平台产品，定制一个满足多方面需求的产品，在产品的顶层设计上要预留接口，实现横向及纵向的消防信息共享。

（四）组织可行性

智慧消防的应用落地需要配套的组织体系作为保障，同时应建立完善的组织机构。

建设企业级智慧消防项目，应明确单位消防责任人，开展社会单位消防安全标准化管理工作，确定岗位人员，确保消防设施有人维保、消防巡查有人执行、消防隐患有人整改。

建设城市级智慧消防项目，应明确监管组织部门及部门监管人。在掌握单位信息的基础上，建立信息共享机制，明确住房和城乡建设、市场监管、文物、公安、应急管理等部门的责任。

（五）社会可行性

智慧消防建设的可行性研究、设计、施工、验收及运维等各阶段均应以国家现行的相关法律法规和技术规范、标准为基础依据，满足本地的政策要求及相关标准。自 2017 年《关于全面推进"智慧消防"建设的指导意见》（公消〔2017〕297 号）首次提出智慧消防建设以来，智慧消防逐渐开始建设并推广，其符合国家的数字化转型和智慧城市建设的目标。

（六）风险管控

对智慧消防项目建设的市场风险、技术风险、财务风险、组织风险、法律风险、经济及社会风险等风险因素进行评价，制定规避风险的对策，为项目全过程的风险管理提供依据。

第三节 方案设计

一、总体规划

建设智慧消防是目前应对火灾事故的重要手段，需要统筹规划智慧消防项目、明确设计要求、选用硬件和软件设备等，建设完善的实施方案，确保智慧消防建设的高效、智能和安全性。

建设规划应基于现场勘查和需求分析，结合技术现状和建设条件，规划智慧消防项目的硬件组成、软件功能及建设阶段，并明确各建设阶段的建设目标及建设内容。根据项目内容和实施计划，采购相关技术设备，进行项目实施。对项目实施过程中的问题和难点，积极主动地进行管理和解决，确保项目高质量、高效率地完成。

（一）统筹规划

城市级智慧消防项目建设应与地方建设相协调，遵从本地建设整体规划，如雄安新区智慧消防建设，应遵从《雄安新区智能城市专项规划》《数据安全建设导则》等数字化建设上位标准，统一规划、协同建设，做到统筹兼顾、技术先进、经济合理。

单位级智慧消防项目建设应与单位整体规划目标一致，如某园区智慧消防规划建设，应符合单位实际情况及经济水平，遵循单位统一规划，同时考虑未来将其融入智慧园区。

（二）明确要求

在确定智慧消防系统的设计要求时，需要考虑具体的应用领域和实际需要，从而制定详细的技术标准。智慧消防系统设计应包括系统软件架构、软件功能、数据库设计、系统安全等方面，同时还要考虑系统网络通信、运行环境、数据存储、部署及升级迭代等方面的问题。智慧消防软件系统应具有可扩展性，可根据用户需求进行系统的更新迭代，而不是推翻重建。同时预留接口，满足与上下级平台和其他平台的对接。

（三）合理配置硬件

智慧消防的硬件对系统的运行和发挥作用很大，需要针对不同场所的特点，合理确定硬件建设方案的具体细节，比如是否增加防火门监测、消防电源监测等硬件。对比传感器的灵敏度和反应能力，选用高质量的传感器硬件；选用稳定可靠的网关传输设备，同时根据现场条件确定网络传输方式，将传感器采集到的数据上传到智慧消防系统平台进行处理和分析，再回传给硬件进而下发指令。

（四）制定实施方案

在制定智慧消防实施方案的过程中，需要考虑安装维护、巡检盘点、调试测试等方面的问题，并确定相关的工作流程和方法。同时，需要加强人员培训和消防操作基本技能培训，以便消防员在突发情况处理上有所依据和指导。

二、软件系统

（一）系统架构设计

智慧消防系统平台依托现有消防资源，通过增加物联感知设备，接入实时监测、视频监控、设备状态、现场作业等消防数据，内置消防业务数据算法，实现消防安全的信息化、数字化及智能化。业务应用层级及城市建筑范围不同，软件架构层级也不同。例如从消防监管部门角度建设政府级的智慧消防系统，采用业务分层与分级管理、一体化分布式数据库、模块化功能灵活组合、标准化物联数据灵活组合的理念进行总体设计，采用“3＋*X*＋*N*”的系统架构设计，“3”为总队、支队、大队分级监管，“*X*”为各消防应用系统，“*N*”为行政区域划分，形成网格化＋社会化、主动＋被动相结合的消防管理模式。

智慧消防系统作为软件系统，应遵循感知层、传输层、数据层、应用层、展现层的系统建设要求，以消防相关技术标准为依据、以安全体系为保障，依托数据流、业务流，实现消防安全的全过程、全要素的连接和优化，提升火灾风险管控能力。建立统一的数据标准、数据接口与共享机制，保障系统平台建设完成后可规范、安全与稳定地运行。

（1）感知层采集消防设施的运行状态信息和消防安全管理信息，数据来源多样，如消防设施传感器、用户信息传输装置、电子标签、视频采集终端等物联网采集数据，OA、ERP、工业软件等现有的系统软件接口数据，BIM、3Ds Max、倾斜摄影等三维模型数据，移动终端巡检、维修等人工采集的数据等。构建全方位、多维度、立体化的感知网络，为消防大数据分析应用打下“强数据”基础，为该系统提供预警、报警、灭火和可追溯的数据支撑。

（2）传输层主要负责组建智慧消防系统的传输网络，包括无线网络和有线网络。按照“高可靠、高稳定、高安全、全覆盖”的建设思路选择传输方式和通信协议，采用身份认证、数据加密、数据检验等方式保证数据传输安全。

（3）数据层负责对数据库进行处理，并将数据传递给上层的业务层，包括数据采集引擎、数据存储、数据共享和数据库管理等。

（4）应用层主要实现对数据的处理和应用，包括物联网应用支撑平台和智慧消防应用平台，物联网应用支撑平台应符合《物联网应用支撑平台工程技术标准》GB/T 51243—2017及其他标准的相关规定，智慧消防应用平台应符合城市或单位的消防安全管理体系的要求并为各部门管理人员提供登录门户的功能。

（5）展现层通过PC端、大屏端、VR端、移动终端等多种设备端口，综合展现城市或单位的消防安全状况和各类消防管理应用，实现服务与应用的便捷访问和可视化展现。

（二）系统功能设计

智慧消防系统应该基于应用单位、业务流程、岗位人员等使用要求的调研结果进行设计，以满足不同用户的需求，以下从城市级和单位级两类智慧消防系统进行阐述。

（1）城市级的智慧消防系统应包括城市消防资源管理（水源、消防道路、救援力量、消防站等）、消防人员管理、消防网格划分、建筑基础信息、重点单位基础信息、消防设备设施管理、消防监督管理、第三方服务单位、城市区域火灾风险评估、灭火救援与指挥等功能，同时应对单位消防自检、管理等情况进行监督。

（2）单位级的智慧消防系统应包括单位基本情况、消防安全档案、单位人员管理、建筑基础信息、消防设备设施管理、消防巡查检查、隐患管理、报警处置、消防值班与交接班、宣传培训教育、预案及演练等基本功能，还应该包括消防检测维保服务、火灾风险评估、辅助灭火救援等其他深度应用功能。

智慧消防系统应基于城市或单位的建设基础和经济水平，利用GIS、遥感、无人机倾斜摄影等数据建立城市信息模型，利用BIM数据建立建筑信息模型，搭建三维可视化平台，与二维信息系统进行对接、融合，基于平台进行旋转、漫游、剖切、测量等操作，沉浸式查看城市区域、建筑空间布局、防火分区及消防设施等模型和信息。

智慧消防系统应具备用户数据服务、物联网数据接入及与其他信息化系统之间数据交互等功能。

（三）数据库设计

数据存储和备份应符合《信息技术　大数据存储与处理系统功能要求》GB/T 37722—

2019的有关规定。数据库建设可分为数据规范体系建设、数据获取、数据治理、基础数据池建设等。大数据支撑系统的设计、实施，按照一切从实际出发、遵循经济实用的原则，将整个智慧消防系统运行分为确定数据采集目标、数据获取、数据清洗、数据治理和基础数据池建设等阶段进行建设：

（1）确定数据采集目标，数据获取，首先要定义哪些对象的数据是智慧消防需要采集的，从社会经济、城市基础设施和人民生活等多个方面进行考虑。确定好需要采集的数据目标之后，通过物联感知设备进行采集，也可以从其他相关部门或业务系统进行数据采集，完成系统数据接入、数据对接和数据集成。

（2）数据治理，包括数据标准管理、元数据管理、数据质量管理、数据资产管理、数据安全管理，各模块协同运营，确保数据一致、安全、有效。

（3）基础数据池建设，在前两个阶段的基础之上，需要针对目前的静态数据和动态数据进行采集、清洗和构建，形成支撑智慧消防业务的基础数据池。这些数据池中记录了智慧消防业务中具备的基本面数据。

（四）信息安全设计

《中华人民共和国网络安全法》（以下简称《网络安全法》）规定，国家坚持网络安全与信息化发展并重，建立和完善网络安全标准体系，实行网络安全等级保护制度。网络关键设备和网络安全专用产品应当符合国家相关标准的强制性要求。

1. 安全等级

智慧消防系统建设，尤其是城市和政府监管部门建设的智慧消防系统，应依据《网络安全法》，以及《信息安全技术 网络安全等级保护基本要求》GB/T 22239—2019、《关键信息基础设施安全保护条例》等相关标准，针对信息系统的安全状况，从安全物理环境、安全通信网络、安全区域边界、安全计算环境、安全管理中心等安全技术层面和安全管理机构、安全管理制度、安全管理人员、安全建设管理、安全运维管理等安全管理层面进行安全防护，信息系统按照其安全要求和保护需求划分为五个等级，分别是一级、二级、三级、四级和五级，安全保护级别应由业务信息安全等级和系统服务安全等级综合确定。政府部门的智慧消防系统安全保护等级一般为第三级或以上级别。

2. 密码应用

《中华人民共和国密码法》（以下简称《密码法》）于2020年1月1日正式施行，法律、行政法规和国家有关规定要求使用商用密码进行保护的关键信息基础设施，其运营者应当使用商用密码进行保护。国家密码总局发布的密码行业标准《信息安全技术 信息系统密码应用基本要求》GB/T 39786—2021规定，密码应用等级一般由网络安全等级保护的级别确定，智慧消防系统应从物理和环境安全、网络和通信安全、设备和计算安全、应用和数据安全、管理制度、人员管理、建设运行及应急处置等多个层面制定对应的解决方案和实施方式。

三、硬件设置

（一）数据采集要求

智慧消防建设应根据经济水平、现场情况、业务需求等，选择满足相关标准及用户需求的硬件进行数据采集工作：

（1）硬件数据采集应符合《智慧城市 数据融合 第 3 部分：数据采集规范》GB/T 36625.3—2021、《物联网终端建设导则》，以及《城市消防远程监控系统 第 1 部分：用户信息传输装置》GB 26875.1—2011 等国家及地方标准的有关规定。

（2）硬件数据采集分为自动采集和手动采集两种方式，应根据采集的必要性、数据源的特点、性价比等进行选择，有条件的情况下应尽量采用数据自动采集方式。

（3）消防设施编码应具有唯一性，应符合《物联网标识体系 物品编码 Ecode》GB/T 31866—2023 等编码标准要求；针对目前消防产品厂家消防设施点位编码规则各行其是的现状，倡导建立统一的消防设备点位编码规则。

（4）本着集约、利旧、高效的原则，数据采集工作应该按不同消防系统分别进行，优先采集消防设备设施既有用户信息传输装置的数据，无状态信息输出接口的消防设备设施可以新增采集设备。

（5）在爆炸性、腐蚀性等特殊环境下，应选用满足国家防爆、耐腐蚀检测要求的数据采集设备及相关组件。

（二）硬件选型

智慧消防硬件采用具有国家 CCCF 消防强制认证和其他国家消防产品检验报告的产品，并应符合相关标准及用户需求。

智慧消防硬件应根据不同系统设备及报警要求选择不同的产品类型：

（1）火灾自动报警系统采用用户传输装置，采集火灾报警主机信号。

（2）消防水系统使用信息采集装置，采集水泵控制柜信号；使用压力传感器采集水压信息；使用液位传感器采集液位信息；室外消火栓监测终端可采集消火栓的水压、栓体定位、环境温度、撞击及撞倒等信息。

（3）机械防排烟系统使用信息采集终端，获取消防机械防烟和机械排烟设施的电源状态、运行状态、故障及手/自动位置状态等信息；余压探测装置采集关键部位正压送风系统压差信息、风速仪采集风速信息。

（4）电气火灾监控系统使用用户传输装置，采集电气火灾监控报警主机信号。

（5）气体灭火系统使用智能监测装置，采集气瓶压力实时数据、压力开关状态以及温湿度等信息；压力传感器采集钢瓶压力信息。

（6）消防设备电源监测系统使用用户传输装置，采集消防设备电源主机信号，接收过压、欠压、过流、缺相、短路等信息。

（7）应急照明和疏散指示系统使用用户传输装置，采集应急照明和疏散指示系统主机信号。

（8）防火门监测系统使用用户传输装置，采集防火门主机信号。

（9）视频监控系统使用智能摄像头或智能识别算法，采集电瓶车违规停放报警、消控室人员在离岗报警、室内消防通道报警等信息。

（10）采用RFID、NFC、二维码等消防智能电子标签，人工快速采集巡检、维修等信息。

（三）数据传输要求

（1）系统数据传输网络可采用广域网有线通信、无线通信，局域网有线通信、无线通信，以及有线、无线相结合等多种传输方式。

（2）感知设备传输到物联网网关的数据，传输网络可采用局域网有线通信、无线通信，以及局域网有线通信与无线通信结合等多种传输方式。局域网有线通信方式可采用以太网、RS485及其他现场总线等；局域网无线通信方式可以采用蓝牙、Wi-Fi、NB、LoRa、4G、5G等方式。

（3）物联网网关至应用支撑平台的传输网络可采用广域网有线通信、无线通信及局域网有线通信等传输方式，视频采集设备等带宽需求较大的场景宜采用专网。

（4）独立感知设备或用户信息传输装置连接至应用支撑平台的数据传输网络可采用广域网有线通信、无线通信及局域网有线通信等传输方式。

第四节　项目施工

一、施工准备

（一）施工单位选择

施工单位应该选择具有消防设施工程专业承包资质及电子与智能化工程专业承包资质的单位。

（二）施工组织部署

施工组织管理机构设立项目经理、技术负责人、施工安装人员、软件实施人员等，主要人员的职责如下：

（1）项目经理：对项目工程质量负责。贯彻制定的质量方针和目标，履行工程承包合同；组织制定工程进度、项目成员、材料、设备、施工工具的使用计划，申请报批审查，批准物资采购计划。

（2）技术负责人：主管项目内工程技术和质量工作，并对项目技术、质量工作和工程符合性负责；编制项目质量保证计划、施工方案、作业指导书并经过相关部门审核，处理施工过程中的变更；负责管理质量记录，组织有关人员收集整理工程项目资料。

（3）施工安装人员：对项目施工工序管理负责，严格执行工艺流程和工序管理制度，负责向班组做技术、安全、质量交底；负责具体施工任务并检查施工任务、质量目标完成情况，填写施工日志；处理施工过程中的问题；认真填写施工过程中的各种记录，并收集、整理、填写编目，送交审核。

（4）软件实施人员：主要负责软件实施交付，包括智慧消防系统软件的安装、调试、维护，参与物联网硬件选型、网络通信等工作；负责现场培训等。

根据工程进度要求，各工种人员分批进场，要求人员经过严格的工种培训和安全培训，持证上岗，达到良好的操作技能水平。特殊工种，如电工、焊工应该持有有效的上岗证。

（三）施工技术准备

（1）准备消防物联网设备布置平面图、系统图、网络拓扑图、网络布线连接图、防雷接地与防静电接地布线连接图，以及消防设施的对外输出接口技术参数、通信协议、系统调试方案、系统设备的现行国家标准等必要的技术文件。

（2）设计单位应向建设、施工、监理单位进行技术交底。

（3）施工现场及施工过程中使用的水、电、气需满足设计要求，并连续施工。

（4）施工单位需按设计要求编写施工方案，施工现场应有健全的施工管理体系，包括施工技术标准、施工质量管理体系和工程质量检验制度等。确保工程质量优良，安全文明作业和施工。

（5）制定施工总进度计划，施工总进度计划应按照项目总体施工部署的安排进行编制，可采用网络图或横道图表示，并附必要说明；整个进度计划应包括：消防施工图纸资料的获取、消防设备进场时间、现场环境的准备、施工人员部署等；每一分项工程的完成均按照进度计划表进行，按期按质完成施工项目。

（四）设备材料准备

进入施工现场的材料配件等应具备产品清单、使用说明书、产品合格证书、国家法定质检机构的检验报告等文件，且规格、型号应符合设计要求，对关键设备、材料制定采购、贮存、保管的控制措施，检查不合格的设备、材料及配件不建议使用。

设备材料从以下几个方面进行检验：

（1）感知设备的设计参数是否满足设计要求。

（2）感知设备的产品质量是否符合现行国家和行业标准。

（3）检查设备数量是否满足安装要求。

（4）检查和查验认证文件是否齐全。

二、施工安装

（一）施工总体要求

（1）施工单位按批准的工程设计文件和施工技术标准进行施工。

（2）各工序按施工技术标准进行质量控制，每道工序检查合格后，方可进行下道工序；

检查不合格，应进行整改。

（3）相关各专业工种之间进行交接检验，并经监理工程师签字后再进行下道工序；隐蔽工程在隐蔽前进行验收，并形成验收文件。

（4）施工单位做好施工过程中的设计变更、安装调试等记录。

（5）施工期间，因施工需要临时停用消防设施的，应有确保消防安全的有效措施和专项应急预案，并经消防安全责任人批准。

（6）建设单位应对施工现场质量管理检查记录进行检查，并给出检查结论。

校对、审核图纸，并复核其是否与施工现场一致；安装完成后，施工单位对智慧消防系统的安装质量进行全数检查，并按有关专业调试规定进行调试。

（二）系统软件部署

1. 系统部署场所

确定系统的安装场所并进行检查，如系统软件部署在已建消防控制室时，消防控制室应满足运行应用平台各设备的安装要求；系统软件部署安装在其他建筑内时，部署场所应符合《消防控制室通用技术要求》GB 25506—2010 和《建筑自动消防设施及消防控制室规范化管理标准》的规定，并应满足运行系统软件各设备的安装要求。

2. 运行环境配置

智慧消防系统使用的操作系统、数据库系统等平台软件应具有软件使用（授权）许可证，建议采用国产技术成熟的商业化软件产品。对系统所必需的软硬件和网络环境进行检查，包括硬件的检查、操作系统配置检查、安全防护措施检查、网络连接情况检查等。具体检查内容包括：

（1）硬件环境：确认系统软件安装设备的处理器、显卡、运行内存是否符合安装要求。

（2）软件环境：确认服务器、数据库、浏览器是否符合安装要求。

（3）操作系统配置：确认操作系统是否符合安装要求。

（4）安全防护措施：包括对操作系统、数据库等的安全防护措施。

（5）网络环境：从网络拓扑关系、网络设备、网络流量、网络防火墙、连接情况等方面分析网络环境是否符合安装要求。

3. 系统部署安装

系统部署方式包括公有云、私有云、混合云和本地部署，在选择系统部署方式时，需要根据具体的业务需求、安全要求、成本考虑等因素进行综合评估。

（1）公有云部署：是将智慧消防系统和数据部署到公共云服务提供商的云平台上的过程，包括选择合适的云服务商、创建账号、配置网络和存储、部署应用程序、设置安全策略等步骤。公有云部署的特点包括企业可以根据需求灵活地扩展或缩减计算资源、成本低、效率高、高可用性、无须自己维护等，但同时存在网络延迟、数据隐私及数据安全等问题。

（2）私有云部署：将智慧消防系统部署到用户内部搭建的私有云环境中的过程，包括构建私有云基础设施、配置虚拟化平台、部署应用程序、设置安全策略等。私有云部署具有高安全性、成本可控、高度可定制化、数据相对安全性高的优势，但同时存在投资成本高、维护难度高、可用性不稳定等问题。

（3）混合云部署：是将系统和数据同时部署在公共云和私有云环境中的过程，结合了公有云的灵活性和私有云的安全性。通过混合云部署安装，企业可以根据实际需求将不同部分的系统部署在不同的云环境中，如对数据安全性要求更高的数据部署在私有云上，对于需要异地协同且数据私密性没那么高的数据可以部署在公有云上，实现资源的灵活调配和成本控制，同时保持对关键数据和应用的控制和保护。

（4）本地部署：将系统安装在本地服务器或个人电脑上。适合对数据安全和隐私保护要求极高的用户，需要高性能和低延迟的应用场景。其优势是数据安全性和私密性高、用户自主性高、可定制开发；但同时也有维护成本高、软件升级迭代成本高、需要专业技术人员进行设置和维护等劣势。

4. 初始化数据设置

对系统进行基本、必要的设置，包括对系统内的基础数据设置、参数设置、初始用户设置、数据导入、系统配置进行初始化等。具体配置说明：

（1）基础数据设置：对系统正常运行所必需的基础信息进行配置，如企业信息、组织结构、部门信息、员工信息、设备信息等。

（2）参数设置：对系统中会影响系统的功能和运行方式的参数进行配置，如系统设置、权限设置、业务流程设置等。

（3）初始用户设置：对系统的用户进行初始设置，确保每个用户都能够正常登录系统并进行相应的操作，包括创建用户账号、分配角色和权限等。

（4）数据导入：对系统中的大量数据进行导入操作，确保数据的准确性和完整性，如行政区域信息、企业信息等。

（5）系统配置：对系统的各项功能进行配置，确保系统能够按照用户需求正常运行，如界面设置、报警通知设置、报表设置等。

（6）测试和验证：在进行系统初始化设置后，需要进行测试和验证，确保系统的各项功能和数据都能够正常运行和展示。

（三）系统硬件安装

1. 系统硬件安装建议按照如下步骤进行：

（1）确定安装位置：根据消防物联网硬件设备的功能和覆盖范围，确定合适的安装位置，确保设备能够正常工作并覆盖到需要监控的区域。

（2）连接电源：将消防物联网硬件设备连接到电源，确保设备能够正常供电。

（3）连接网络：选择无线或有线网络，根据设备的要求，将设备连接到网络，确保设备能够正常通信和传输数据。

（4）调试设备：安装完成后，对设备进行调试，确保设备能够正常工作并与消防保持连接和数据推送。

（5）安装防护罩：针对室外或特殊区域的设备及设备的具体要求，安装防护罩，保护设备免受外部环境的影响。

（6）完成安装记录：安装完成后，将设备的安装位置、连接方式、调试情况等信息采集到系统中，以备日后维护和管理。

2. 硬件安装过程应当遵行下列安装要求：

（1）使用无线通信技术的设备，在安装前建议使用信号测试设备检查信号不利点的无线网络信号，安装点网络信号强度应高于设备额定工作下限，并宜留有至少 10dB 裕量。

（2）建议根据实际工作环境合理摆放设备，安装牢固，便于人员操作，并应留有检查、维护的空间。

（3）设备和线缆建议设置永久性标识，且标识应正确、清楚。

（4）设备连线需连接可靠、捆扎固定、排列整齐，不得有扭绞、压扁和保护层断裂等现象。

（5）用户信息传输装置、系统软件运行需具备网络通信条件。

（6）消防水系统信息装置和防排烟系统信息装置的安装需牢固，且便于拆卸维护。

（7）压力传感器、流量传感器与消防给水管道连接需保证连接处无渗漏，液位传感器需按设计要求安装。

（8）消防给水管道上设置的压力信息采集装置建议在系统管道上接出支管或利用原有压力表的连接支管，支管的长度不宜大于 500mm，建议在压力信息采集装置之前设置检修的阀门。

（9）视频采集终端建议安装在视角宽阔、无阻挡的位置，并应具备网络通信条件。

（10）安装完成后建议做好设备标识及安装位置信息记录，可预先填写。

（11）安装过程中和完成后应与设计图纸进行核实，核对产品的使用说明书，进行直观检查、仪器测试等。

三、施工调试

智慧消防系统在施工完成后，正式投入使用前需要分别对系统的软件和硬件进行调试，监理单位组织施工单位人员开展施工过程质量检查并记录，调试完成后，施工单位向建设单位提供质量控制和各类施工过程质量检查记录。

（一）系统软件调试

智慧消防系统软件调试包括：验证系统运行平台的稳定性和性能，确保系统能够正常运行；测试兼容性，确保系统能够在不同设备和环境下正常运行；检查安全性，确保系统数据和信息的安全；验证用户界面和操作流程，确保用户能够方便地操作系统。

1. 智慧消防系统调试前应具备的条件

（1）系统各设备和平台软件按设计要求安装完毕。

（2）智慧消防系统的安装符合文件要求。

（3）消防物联网硬件感知设备和网关等设备已按要求安装完毕。

（4）制定调试和试运行方案。

2. 软件系统调试流程

（1）编译和连接：首先，使用编译程序将源程序翻译成机器语言，即计算机能识别的"语言"。如果源程序中有语法错误，需要使用编辑程序进行修改，然后再次编译，直至没有语法错误。其次，使用连接程序将翻译好的计算机语言程序连接起来，形成一个能运行的程序。

（2）测试：在程序运行之前，进行测试以模拟实际操作。可以假设一些模拟数据进行试运行，并比较输出结果与手工处理结果。如果发现差异，说明程序可能存在逻辑错误。对于较复杂的程序，可能需要设置单步执行的方式，逐步跟踪程序的运行，以找到问题所在。

（3）调试：调试的主要任务是确定程序中错误的确切性质和位置，并对程序进行修改以排除错误。调试的方法包括：

强行排错：在程序的特定部位设置打印语句，跟踪程序的执行，监视重要变量的变化。

回溯法调试：人工沿程序的控制流往回追踪源程序代码，直到找到错误原因位置。

归纳法调试：将与错误有关的数据组织起来进行分析，导出对错误原因的假设，并用测试数据来证明或排除这些假设。

演绎法调试：首先设想出可能的出错原因，然后用测试来排除每一个假设的原因。

（4）修改和重新测试：根据调试过程中发现的问题，修改设计和代码，然后重新进行测试，以确保问题已经被正确解决。

（5）文档和维护：调试完成后，将调试过程和结果记录下来，以便将来参考。同时，对软件进行维护，确保其稳定性和可靠性。

软件调试是一个迭代的过程，需要反复进行编译、连接、测试和调试，直到找到并修正所有错误。

（二）系统硬件调试

依据消防设施的特点和需求，对系统硬件设备进行调试；建立数据传输通道，确保数据的稳定传输和实时更新。系统硬件调试时需要进行单体设备调试和系统联调。

单体设备调试：首先，要对用户传输装置进行测试，确保其能够准确检测火灾信号。其次，要对各感知设备进行测试，确保其能够正常接收和处理信号，同时对网关连接及信息传输强度进行测试。最后，要对联动设备进行测试，确保其能够与其他系统正常联动。

系统联调：在单体设备调试完成后，对整个系统进行联调。在联调过程中，要模拟火灾场景，测试系统的响应速度和准确性。同时，还需要对系统的报警和应急处理功能进行测试，确保其能够在火灾发生时及时发出警报并采取相应的应急措施。

系统硬件调试具体内容包括：

（1）用户信息传输装置：验证其连接和通信功能，确保设备之间能够正常通信；测试传输速度和稳定性，确保信息能够及时传输；检查数据加密和安全性功能，确保用户信息的保密性；验证数据完整性和准确性，确保信息传输不会出现丢失或错误；进行用户信息传输装置的负载测试，确保系统能够承受一定数量的用户信息传输负荷。

（2）消防水系统信息装置：检查消防水系统信息装置的连接和控制功能，确保设备能够正常工作；测试其报警功能，确保在发生火灾或其他紧急情况时能够及时发出警报；验证其自动控制功能，确保系统能够自动启动和停止；检查监测和记录功能，确保系统能够记录相关数据并进行监控；进行消防水系统信息装置的演练测试，模拟火灾情况，验证系统的应急响应和处理能力。

（3）防排烟系统信息装置：验证防排烟系统信息装置的连接和控制功能，确保设备能够正常工作；测试排烟功能，确保在火灾发生时能够有效排烟；检查防排烟系统信息装置的自动控制功能，确保系统能够根据火灾情况自动启动和停止；验证防排烟系统信息装置的监测和报警功能，确保系统能够及时监测烟雾情况并发出警报。

（4）视频监控系统信息装置：检查视频监控系统信息装置的连接和视频信号传输功能，确保设备能够正常工作；测试视频录制和回放功能，确保系统能够录制和存储视频数据；验证远程监控功能，确保用户能够远程查看监控画面；检查报警功能，确保系统能够在发生异常情况时发出警报。

（5）其他信息采集装置：验证其他信息采集装置的连接和数据采集功能，确保设备能够正常采集数据；测试数据传输和存储功能，确保数据能够准确传输和存储；检查其他信息采集装置的监测和报警功能，确保系统能够及时监测数据并发出警报。

第五节　竣工验收

消防工程质量验收的标准是所含子工程全部合格，并且消防质量控制资料完整。消防验收的内容包括资料审查、现场抽样检查及功能测试。建设工程消防验收的档案应包含资料审查、现场抽样检查及功能测试、综合评定等所有资料。

智慧消防竣工验收应包含工程质量验收和软件系统验收，工程质量验收应包括工程实施的质量控制、系统检测和工程验收。只有工程质量验收、软件系统验收都通过时，该智慧消防系统建设项目才能通过验收。

智慧消防竣工验收应符合《建筑工程施工质量验收统一标准》GB 50300—2013、《智能建筑工程质量验收规范》GB 50339—2013、《智能建筑工程质量检测标准》JGJ/T 454—2019、《软件系统验收规范》GB/T 28035—2011、《建设工程消防监督管理规定》及其他相关专业质量验收规范的要求。

一、验收准备

智慧消防项目建设竣工后，应由建设单位组织设计、施工、系统服务商、监理等单位进行工程验收，验收不合格者不应投入使用。

智慧消防建设竣工验收前提包括：

（1）建设项目完成合同各项约定及经批准的工程技术文件的施工要求和内容。

（2）建设项目确定的网络、应用、安全等主体工程和配套设施已按照设计要求建成，并能满足系统运行的需要。

（3）建设项目完成软硬件的安装部署、检测调试及试运行。

（4）建设项目涉及的机房、通信设备、消防设备等已按照设计与主体工程同时建成并经试运行合格，达到预期目标或设计参数要求。

（5）项目投入使用的各项准备工作已经完成，组织管理机构和规章制度、运行维护人员、需要的外部配套和协作条件能适应项目正常运行的需要。

（6）完成预算执行情况报告和初步的财务决算，第三方审计机构出具项目财务审计报告。

（7）各参建单位对本项目形成的文件进行收集、整理，经监理单位审查后提交项目单位归档。项目档案齐全完整、分类合理、整理规范、保管安全，消防设计、施工和竣工图完整、准确，项目形成的知识产权完备且权属清晰，软件安装和使用手册完整、齐备。

智慧消防建设竣工验收依据包括：

（1）有关法律、法规以及相关标准。

（2）项目招标相关资料。

（3）施工单位提交的项目竣工验收申请报告。

（4）系统使用单位出具的用户报告。

（5）测试单位出具的测试报告。

（6）项目监理单位出具的监理报告。

（7）项目合同或协议。

（8）业务需求说明书。

（9）其他具有法律效力的文件。

二、验收流程

为加强智慧消防建设项目管理，确保项目建设质量，按照国家有关规定及项目相关资料，以及规定的流程，对项目完成情况进行综合审查并得出相应结论（图 5-2）。

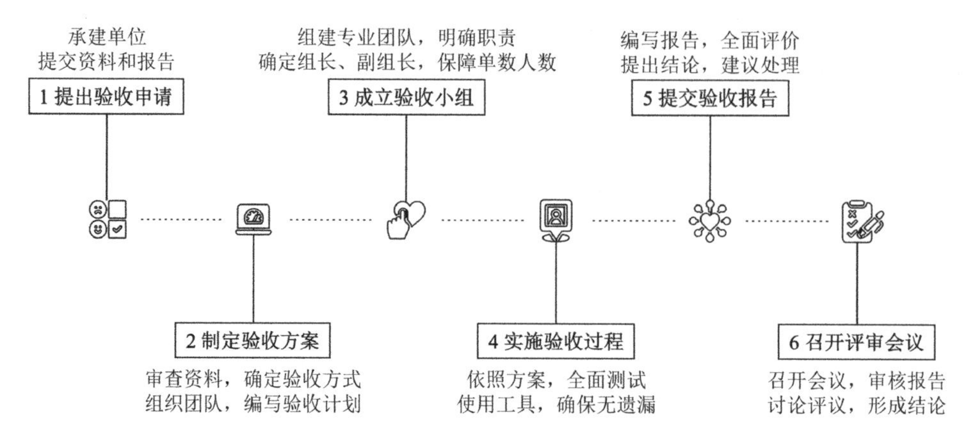

图 5-2　智慧消防建设竣工验收流程

（一）提出验收申请

项目所有承建（集成）单位在完成合同规定的任务后，必须向建设单位提交详尽的相关资料和完工报告。这些资料应涵盖项目的全部过程和成果，确保建设单位能够全面了解项目的执行情况和完成度。

（二）制定验收方案

建设单位在收到承建（集成）单位提交的资料和完工报告后，会进行严格的审查。审查的依据是双方签订的合同，确保项目完成的各项内容均符合合同要求。对于建设规模大、内容多的项目，可以根据合同的规定进行单项验收，确保每一部分都达到预期目标。对于有特殊工艺或要求的项目，建设单位会委托具有相关领域国家资质的专业机构进行专项验收，以确保项目在技术和质量上达到专业标准。在智慧消防项目的验收过程中，建设单位将组织专业团队，对项目需求进行深入分析，确保验收方案能够精准满足项目需求，提高验收工作的针对性和实效性。基于需求分析结果，建设单位编写验收方案（计划书），明确验收的流程、标准与要求，为后续的验收工作提供坚实的指导依据。

（三）成立验收小组

为确保验收工作的专业性和高效性，建设单位应根据项目的性质特点和管理要求组建专门的竣工验收小组。竣工验收小组应由建设单位项目负责人、设计单位项目负责人、施工单位项目负责人、监理单位总监理工程师及系统服务商项目负责人等人员组成，且总数应为单数，专业技术人员数量不应低于验收人员总数的 50%，应推荐组长和副组长。

该小组负责具体执行验收方案，对项目的各项内容进行全面、细致的测试和检查，做出正确、公正、客观的验收结论。验收小组的成立标志着验收工作正式进入实质性实施阶段，为后续工作的顺利开展奠定基础。

（四）实施验收过程

在验收实施过程中，验收小组将严格按照验收方案的要求，对硬件环境、应用软件、集成效果、文档资料等进行全面的测试和验收，确保项目的各项功能和性能均符合设计要求，达到预期的使用效果。验收小组将采用专业工具进行测试检查，确保不遗漏任何细节。

（五）提交验收报告

验收工作完成后，验收小组将编写验收报告，对项目系统设计、建设质量、设备性能、软件运行情况等做出全面的评价。报告中还将给出结论性意见，对不合格的项目提出不予验收的建议，并对存在的问题提出具体的解决意见。这一报告是竣工验收的重要依据，为建设单位提供全面、客观的验收结果。

（六）召开评审会议

建设单位将组织召开验收评审会。会议将由验收委员会全体成员参加，对验收小组提交的验收报告进行全面细致的审核。经过讨论和评议，验收委员会将给出最终的验收意见，并形成验收评审报告。这一报告将提交给项目业主存档，标志着竣工验收工作的圆满结束。

三、验收内容

（一）建设情况验收

在智慧消防竣工验收过程中，首要任务是核查建设情况。具体验收内容如下：

（1）符合性检查：详细比对实际建设内容是否符合立项依据、采购（招标）文件、合同（协议）等文件的规定，确保每一项建设内容均严格符合相关文件的要求。

（2）变更程序审查：针对建设过程中发生的任何重大变更，必须核查是否按照规定的程序获得了批准，包括但不限于变更申请、审批记录、变更实施情况等。

（二）施工情况验收

施工情况验收是确保项目质量的重要环节，具体验收内容如下：

（1）施工质量核查：根据法律、法规及相关标准，对施工单位的施工质量进行全面检查，包括但不限于消防物联网设备选型、施工工艺、施工质量等。

（2）安全生产审查：重点检查施工过程中是否发生过安全生产方面的问题，包括但不限于安全事故、安全隐患等。同时，核查施工单位是否建立了完善的安全生产管理制度和应急预案。

（三）档案资料验收

档案资料的完整性和准确性对于项目的后续运行和维护至关重要，具体验收内容如下：

（1）内容审查：按照验收依据进行详细审查，确保档案资料齐全、准确、完整。

（2）过程文件核查：除了基本内容外，还需核查相关过程文件，包括但不限于会议纪要、施工日志、变更记录等，以确保项目过程的可追溯性。

（四）软件系统验收

（1）功能检查：对应用软件的各项功能进行全面测试，包括功能的完整性、正确性以及性能表现等，确保各项功能均达到预期效果。

（2）测试结果审查：根据项目特点和要求，选择单位组织测试或请第三方测评机构的方式进行软件测试，按《系统与软件工程 软件生存周期过程》GB/T 8566—2022进行系统合格测试；对单位组织测试或第三方软件测评机构出具的《软件测试报告》进行细致审查，确保测试结果的客观性和准确性。

（3）技术文档检查：对项目建设单位交付的文档资料进行逐一审查，包括但不限于项目计划、需求分析、设计方案、实施方案等关键文档。此外，还需对代码编写标准、测试方案、测试报告等技术文档进行核查，确保文档的完整性和规范性。同时，检查系统和设备的配置参数、系统安装程序（电子版）等资料，确保系统运行的稳定性和可靠性。

通过以上四个方面的验收内容，可以全面、深入地了解智慧消防项目的建设情况、施工质量、档案资料以及应用系统的性能表现，为项目的顺利交付和后续运行提供有力保障。

四、验收结论

智慧消防竣工验收结论为“验收合格”“验收不合格”。“验收不合格”的，限期整改，符合验收条件后，可再次提出验收申请。

（一）验收合格

按期完成项目批复任务，实施内容符合国家和省信息化建设相关标准规范，系统运行安全可靠，经费使用合法合规，档案资料完整、规范，认定为验收合格。

（二）验收不合格

凡具有下列情况之一的，属于验收不合格：

（1）项目主要建设内容和技术指标未达到合同要求。

（2）工程质量验收结论和软件系统验收结论，有任何一项不合格的。

（3）项目建设内容、目标或技术路线等进行了较大调整，但未履行规定程序。

（4）项目信息资源目录未落实相关技术要求就完成数据归集。

（5）项目实施过程中出现重大问题尚未解决或未做出合理说明，以及存在纠纷尚未解决。

（6）应用系统或设施设备未完成试运行。

（7）审计发现项目资金使用情况存在问题。

（8）项目档案缺失较多、未整理归档、保管保护存在重大安全隐患。

（9）提供的验收材料不齐备或不真实。

第六节 运维管理

一、运维总体要求

（一）运维单位的选择

智慧消防项目运维管理应该由具有独立法人资格的单位承担。项目运维最好选择同一家单位，便于沟通协调和问题的及时处理，如一家单位无法满足全部要求时，可增加单位，尽量减少运维单位总数量。

（二）运维标准及要求

智慧消防系统正式投入使用前，应按现行标准要求建立运行维护服务管理体系，如依据《信息技术服务　运行维护》GB/T 28827、《消防业务信息系统运行维护规范》XF/T 3018—2022 等标准，明确归口管理单位、部门、人员及工作职责，建立值班、巡查、运行管理、维护管理、档案管理等相关制度。

关于消防行业设备维护的巡检要求和标准，应遵循现行的国家标准，如《建筑消防设施的维护管理》GB 25201—2010 为对建筑消防设施的维护进行管理，提供了详细的指导和要求。

《建筑设计防火规范》（2018 年版）GB 50016—2014 规定了建筑设计的基本要求，包括消防设备的设计和布置要求，对建筑重点部位、建筑分区、设备设施的巡检和维保提供了依据和指导。

（三）运维服务对象

智慧消防项目运行维护的对象应根据双方维护协议确定维护范围，以下从两个方面阐述维护内容：

（1）智慧消防系统维护：包括操作系统、数据库、中间件、安全软件及软件系统运行环境等；智慧消防系统运行过程中产生的业务数据和数据的更新维护；智慧消防系统功能的迭代及问题解决。三维可视化的智慧消防系统应对三维模型数据进行更新维保。

（2）消防物联网硬件：包括物联网感知设备、网关通信设备及其他相关设备等；服务器、存储设备、机房布线等运行环境设备。

二、软件系统运维

软件运维是指在软件开发完成并投入使用后，对软件系统进行持续的管理、维护、更新和优化的过程。软件运维旨在确保软件系统持续稳定、高效地运行，满足系统使用的需求，并不断适应和应对变化的环境和需求。通过有效的软件运维工作，可以延长软件系统的使用寿命，提高系统的稳定性和可靠性，满足用户需求，实现软件系统的持续发展和优化。

软件维护主要是指根据需求变化或硬件环境的变化对应用程序进行部分或全部的修改。在软件系统运行过程中，可能会出现各种问题和异常情况，需要及时解决。以下列举了一些常见问题及相应的解决方法，以确保软件系统的准确性和安全性。

（一）常见问题

1. 物联网感知设备故障

如果感知设备出现故障，将导致监测数据不准确或无法获取。首先，尝试重新把设备接入系统，查看数据接口是否出现问题；其次，向巡检员下发设备巡查任务，重新校准或更换感知设备。

2. 软件系统程序异常

如果系统程序出现异常，导致系统运行不稳定或功能异常，可以检查尝试重新启动软件程序，智慧消防业务应用系统一般采用B/S架构、网页端，可检查网络连接问题或更换浏览器。如果故障仍未解决，运维人员需要通过系统监测、系统日志等手段，快速定位故障原因，与系统开发人员进行沟通，并解决系统问题。

3. 系统兼容性问题

当系统中不同设备或软件版本之间存在兼容性问题时，可能导致数据传输异常或功能不完整。可以更新设备驱动程序、升级软件版本或调整系统配置来解决。

4. 数据传输延迟

网络拥堵、网关故障或物联网感知设备故障等原因可能会导致监测数据传输延迟，影响实时监测效果。可以优化网络设置、增加数据传输通道或调整监测频率来解决。

5. 用户体验问题

系统界面设计不合理或操作流程复杂可能影响用户体验，降低系统易用性。可以进行用户反馈调查、优化界面设计或提供培训支持来改善用户体验。

（二）运维内容

智慧消防系统的运维内容主要包括以下几个方面：

1. 系统运行监控

系统运行监控在日常运维工作中是至关重要的。通过实时监控系统，及时发现系统中出现的故障和异常情况，快速响应并进行相应处理，确保系统的稳定运行和安全性。此外，还可以帮助运维人员了解系统运行情况，及时调整和优化系统配置，提升系统性能和效率。

2. 运行数据管理

智慧消防系统中包含大量重要数据，如用户信息、设备状态、维保维修记录等。为确保数据的安全和完整性，定期进行数据备份和恢复操作至关重要。应对数据库的存储进行监测和检查，对数据定期管理和清理，及时处理过期或无用数据，必要时对硬盘进行扩充，提升系统性能和减少存储空间占用。

3. 软件版本控制

建立版本控制机制，保证系统稳定性和功能完整性。通过版本控制，可以确保系统各个模块版本的一致性和兼容性，避免因版本不一致导致的兼容性问题。版本控制还能够帮助管理软件的更新和安全补丁的发布，及时更新系统以修复漏洞和提升系统安全性，定期对系统软件功能进行测试、检查。

4. 异常处理机制

在系统日常运维工作中，当系统出现异常信息时，运维人员需要迅速响应并处理异常情况，快速定位问题并采取相应措施，防止系统故障进一步扩大或影响系统正常运行。同时，如果遇到消防设施的问题，运维人员还需及时通知相关人员进行处理，团队协作共同解决问题，确保系统的稳定性和可靠性。建立健全的异常处理机制，持续预防事故的发生和保障系统运行。

5. 日志记录分析

系统日志可以追踪智慧消防系统运行状态、操作记录、异常情况等重要信息。定期审查系统的日志记录可以及时发现系统潜在问题并采取相应措施，预防系统故障的发生，保障系统的正常运行。系统日志还可以用于监控系统性能、优化系统配置，提升系统的效率和可靠性。

6. 系统性能优化

通过优化数据库查询、调整系统配置、调整数据加载策略、更换网络传输方式等方式，提高系统的响应速度和资源利用率，降低消防预警延时，提高及时响应能力。定期进行性能优化可以使提升系统的性能和效率。

（三）运维人员

智慧消防系统的维护操作人员上岗前应进行相关专业培训，具备及时排除系统故障的能力。智慧消防系统运维人员应具备故障排查与修复、安全漏洞防范、熟悉消防专业知识等方面的能力。运维人员应更好地理解系统运行原理，快速响应问题并有效解决问题，提高系统稳定性和安全性，确保系统持续高效运行。

（1）故障排查与修复：具备快速定位问题根源、分析并解决故障的能力，缩短故障修复时间，确保软件系统的稳定性和可靠性。

（2）安全漏洞防范：了解常见的安全漏洞类型、攻击手段和防范措施，学习安全漏洞的检测方法和修复技巧。加强安全漏洞的预防和应对能力，确保软件系统的数据和用户信息安全，维护系统的稳定性和可靠性。

（3）熟悉消防专业知识：了解信息化技术在智慧消防中的应用和操作，包括感知设备的采集原理、系统功能的操作、数据分析和故障诊断等方面的知识和技能。

三、硬件维护

智慧消防硬件维护管理是指对物联网感知设备和物联网网关设备进行定期巡检、检测、维护和保养等，确保消防设备设施的正常、可靠运行，提升火灾防控能力。消防硬件检测维保是建筑物消防安全管理的重要环节，也是法律法规规定的必要措施。

自带物联网功能的消防设施的维护应符合《建筑消防设施的维护管理》GB 25201—2010的有关规定，其他设备设施应按产品说明书、消防工作流程等要求进行维护保养。

（一）维护要求

物联网感知设备应纳入消防设备设施的日常巡查和检查工作中，利用智能化移动终端，对感知设备的联网情况、数据推送情况等进行检查，发现异常时应第一时间报告。利用智慧消防系统的自检功能，对物联网硬件进行自动化检查和定期人工巡检。通过定期巡检，发现设备存在的问题和隐患，及时维修和维护，确保设备处于良好状态，提高设备的可靠性和稳定性，减少故障发生的可能性，保障设备的正常运行。

1. 设备检测频率

消防设备的检测、试验频率应根据设备类型、使用环境和相关法规要求来确定，具体频率可根据实际情况进行调整。如用户信息传输装置应每半年现场断开设备电源，进行设备检查与除尘；主电源和备用电源应进行切换试验，每半年试验次数不少于 1 次；应每日进行至少 1 次自检功能检查；由火灾自动报警系统等消防设施模拟生成火警，进行火灾报警信息发送试验，每月试验次数不应少于 2 次，且每次试验的地点应不重复，并对测试的数据进行标识分类。

2. 定期巡检检查

采用智能化方式使设备进行自检，确定感知设备联网和运行状态。人工定期巡检，包括对用户传输装置、压力传感器、液位传感器、压差传感器等物联感知设备及网关的检查。检查内容包括设备是否完好、是否有损坏、是否有异常现象等。

3. 设备维护保养

定期进行设备检查，确认设备的准确性、实时性和防护等级与环境符合性。发现设备存在轻微问题或需要调整的情况时，进行维护操作，包括定期校准、清洁、润滑等，以确保设备的正常运行。如定期进行排污、排凝、放空；对易堵介质的导压管进行吹扫，灌隔离液。对易腐蚀生锈的设备、管道、阀门进行清洁、除锈、注润滑剂。

4. 设备维修管理

发现设备存在严重故障或损坏，无法通过维护解决，需要进行维修操作。维修包括修复设备故障、更换损坏部件等，确保设备能够正常运行。

（二）巡查检查

消防维保是对消防物联网感知设备和网关进行检查、维护、保养和维修的实际操作过程，以保障消防物联网设备的正常运行和设备性能，依据《建筑消防设施的维护管理》GB 25201—2010 和单位的具体情况确定巡查标准、内容、频次。

（1）外观检查：外观应完好，有效标识。

（2）安装检查：安装牢固，平稳无倾斜，探测器周围无遮挡物。

（3）部件检查：紧固部件无松动。启动零件不应该破损、变形或移位。

（4）工作状态检查：检查设备是否正常运行，如设备指示灯是否正常工作。

（5）报警功能测试：定期进行报警功能测试，确保报警系统能够正常发出警报。测试报警设备的声音、光闪等功能是否正常。

（6）电源供应和连接线路检查：检查消防设备的电源供应是否正常，确保设备能够正常工作；检查设备的连接线路是否牢固，避免出现短路或断路等问题。

（7）设备易损件检查：定期检查设备的易损件，如电池、密封圈等，确保其正常运行。根据设备说明书或厂家建议，及时更换易损件，以保证设备的正常使用。

（8）位置分布检查：感知设备安装是否合理，如是否选在消火栓不利点安装压力传感器。

（9）网络检查：主要针对网关设备，检查是否满足现场网络条件和其他异常情况。

（三）运维人员

智慧消防物联网硬件运维人员对于建筑消防设施的安全运行至关重要，硬件运维人员应具备维修维保技能、了解检测维保标准及流程、熟悉消防设施的作用及操作。

1. 具备维修维保技能

运维人员应该具备消防设备基本知识、工作原理、常见故障及解决方法、维护保养技巧等方面的技能。

2. 了解检测维保标准及流程

了解和遵守相关的法律法规，确保工作的合法性和规范性，包括消防安全法规、建筑消防规范、设备维护管理规定等方面的法律法规要求。

3. 熟悉消防设施的作用及操作

运维人员要了解消防设施作用，了解设施的正确操作方法，更好地维护消防物联网设备。

参考文献

[1]　赵盼. 浅谈建筑消防设施维护管理的信息化建设措施[J]. 中国设备工程, 2024 (1): 71-73

[2]　汤家福. 建筑消防设施安全运行探究[J]. 工程建设与设计, 2022(23): 251-253